IFW

Institut für Fertigungstechnik
und Werkzeugmaschinen

Florian Winter

Kompetenzorientierte Fertigungsplanung und -steuerung

Berichte aus dem IFW · 10/2017

Herausgeber: Berend Denkena

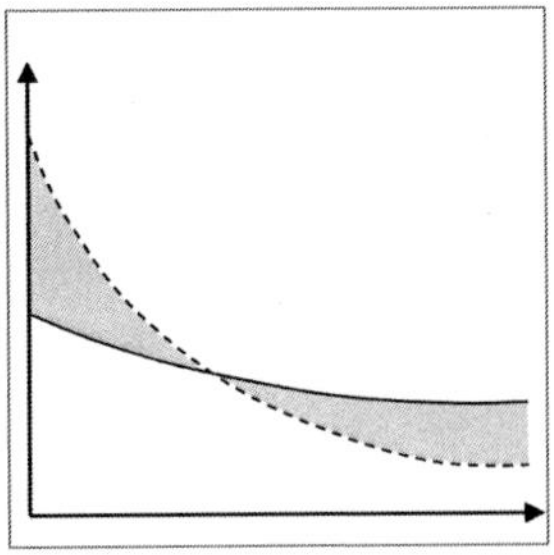

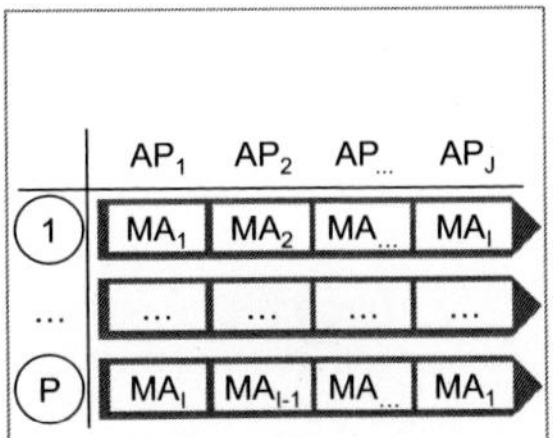

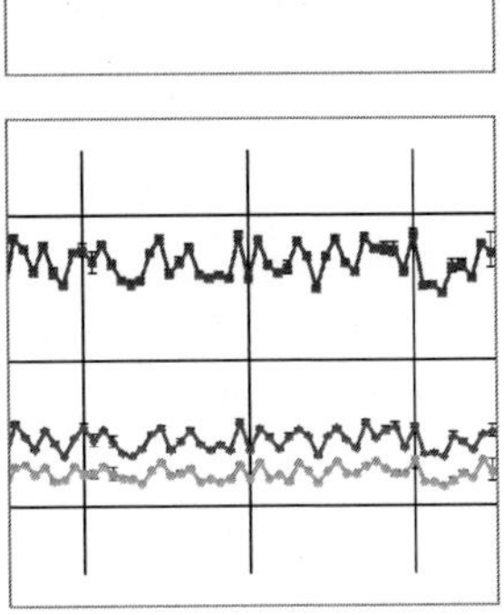

PZH Verlag

IFW
Institut für Fertigungstechnik
und Werkzeugmaschinen

Berichte aus dem IFW

Wissenschaftliche Schriftenreihe des
Instituts für Fertigungstechnik und Werkzeugmaschinen
der Leibniz Universität Hannover

Herausgeber:
Prof. Dr.-Ing. Berend Denkena

Zugleich: Dissertation,
Gottfried Wilhelm Leibniz Universität Hannover, 2017

Bibliografische Information der Deutschen Nationalbibliothek
Die Deutsche Nationalbibliothek verzeichnet diese Publikation in der
Deutschen Nationalbibliografie; detaillierte bibliografische Daten sind
im Internet über http://dnb.d-nb.de abrufbar.

An der Universität 2 • 30823 Garbsen
Tel: 0511-762-19434 • Fax: 0511-762-18037
www.pzh-verlag.de • mail: info@pzh-verlag.de

ISBN 978-3-95900-173-1
ISSN 1610-7527

PZH Verlag,
TEWISS-Technik und Wissen GmbH

Herstellung: Druckteam, Hannover
Printed in Germany

Kompetenzorientierte Fertigungsplanung und -steuerung

Von der Fakultät für Maschinenbau
der Gottfried Wilhelm Leibniz Universität Hannover
zur Erlangung des akademischen Grades
Doktor-Ingenieurin/Doktor-Ingenieur
genehmigte Dissertation

von M. Sc.

Florian Winter

2017

Tag der mündlichen Prüfung: 23.11.2017

1. Referent: Prof. Dr.-Ing. Berend Denkena
2. Referent: Prof. Dr.-Ing. habil. Peter Nyhuis

Vorsitzender: Prof. Dr.-Ing. Roland Lachmayer

Vorwort

Die vorliegende Arbeit entstand während meiner Tätigkeit als wissenschaftlicher Mitarbeiter am Institut für Fertigungstechnik und Werkzeugmaschinen (IFW) der Leibniz Universität Hannover. Sie beinhaltet die Ergebnisse meiner wissenschaftlichen Arbeit, die ich im Rahmen von Forschungs- und Industrieprojekten entwickelt habe. Die Untersuchungen wurden von der Deutschen Forschungsgemeinschaft (DFG), unter anderem im Rahmen des Projekts „Kompetenzorientierte Personalplanung in der Fertigung produzierender KMU mittels MES", finanziell unterstützt.

Herrn Prof. Dr.-Ing. B. Denkena, dem Leiter des IFW, gilt mein besonderer Dank für die vertrauensvolle und wohlwollende Unterstützung, die ich während meiner Tätigkeit am Institut erfahren habe. Herrn Prof. Dr.-Ing. P. Nyhuis danke ich für die Übernahme des Koreferats, Herrn Prof. Dr.-Ing. R. Lachmayer für die Übernahme des Vorsitzes der Prüfungskommission.

Bei den Mitarbeitern des IFW möchte ich mich für die Zusammenarbeit und die schönen Momente am Institut bedanken. Darüber hinaus danke ich Herrn Dipl.-Ing. Karl Doreth und Herrn Dipl.-Ing. Christian Wagener für die vielen fachlichen Diskussionen und Anregungen. Mein Dank geht ebenfalls an Herrn Dr.-Ing. Marc-André Dittrich, Dr.-Ing Dipl.-Math. Volker Böß, M. Sc. Alexander Georgiadis und Dipl.-Wirtsch.-Ing. Michael Merwart für die engagierte und kritische Durchsicht der Arbeit und die konstruktiven Anmerkungen.

Den Unternehmen, in denen ich die Evaluation der Methode durchführen konnte, gilt mein besonderer Dank für die Kooperation und wertvolle Zusammenarbeit. Stellvertretend seien die Herren Moritz von Soden der Bornemann Gewindetechnik GmbH sowie Michael Fauser, Wolfgang Stock und Marc-Antonio Schubert der Fauser AG genannt.

Ferner gilt mein herzlichster Dank meinen Eltern, die meine akademische Ausbildung überhaupt erst möglich gemacht und mich stets unterstützt haben. Besonderer Dank gilt meiner Freundin Julia Wachauer für ihr Verständnis und ihre motivierenden Worte in jeder Phase dieser Arbeit.

Hannover, im November 2017

Florian Winter

„Es ist nicht zu wenig Zeit, die wir haben, sondern es ist zu viel Zeit, die wir nicht nutzen."

\- Lucius Annaeus Seneca

Kurzfassung

Kompetenzorientierte Fertigungsplanung und -steuerung

Schlagworte: Fertigungsplanung und -steuerung, Kompetenzmanagement, Personaleinsatzplanung

Aufgrund des Fachkräftemangels und des demografischen Wandels nimmt die Bedeutung des Mitarbeiters in produzierenden Unternehmen zu. Vor diesem Hintergrund hat das Kompetenzmanagement das Ziel, die Wettbewerbsfähigkeit durch die anforderungsgerechte Qualifizierung der Mitarbeiter langfristig zu sichern. Innerhalb der Fertigungsplanung wird der Mitarbeiter entsprechend seiner Kompetenz für eine möglichst effiziente Auftragsbearbeitung eingesetzt. Die getrennte Betrachtung führt zu einem Spannungsfeld zwischen der langfristig ausgerichteten Personalentwicklung und dem kurzfristigen Streben nach Produktivitätssteigerungen.

Gegenstand dieser Arbeit ist daher eine Methode zur kompetenzorientierten Fertigungsplanung und -steuerung mit dem Ziel, den Einfluss und die Entwicklung von Mitarbeiterkompetenzen in der Fertigung abzubilden und damit eine Steigerung der Mitarbeiterflexibilität und nachhaltige Senkung der Fertigungskosten zu erzielen. Durch die Auswertung von mitarbeiterbezogenen Betriebsdaten und Expertenwissen wird der Mitarbeitereinfluss auf die Produktionsziele sowie dessen zeitliche Entwicklung hergeleitet. Mithilfe dieser Zusammenhänge und der Simulationstechnik wird der langfristig optimale Personaleinsatzplan ermittelt. In Abhängigkeit der aktuellen Auftragssituation wird der Personaleinsatz kurzfristig mittels eines rechnergestützten Werkzeugs angepasst. Die prototypische Umsetzung und Validierung der Methodik im Rahmen von Industriekooperationen zeigt die Wirksamkeit des Koordinationsansatzes zur Erreichung der festgelegten Zielstellung.

Abstract

Competence-based production planning and control

Keywords: Production planning and control, competence management, personnel deployment planning

Due to the shortage of skilled workers and the demographic change, the importance of the employee increases in manufacturing companies. Consequently, the competence management aims to secure the competitiveness for compliant qualification of employees in the long term. Within production planning the employee is allocated according to its competence for the most efficient order processing. The separate consideration leads to a conflict between the long-term competence development and the short-term pursuit of productivity gains.

Subject of this work is a methodology for competence-based production planning and control with the aim of describing the influence and development of employee competencies in production, increasing the employee flexibility and a sustainable reduction of production costs. The employees' influence on the production objectives and its evolution in time is derived by analysing employee-related production data and expert knowledge. Using these relationships and the simulation technology, the long-term optimal personnel deployment plan is determined. Depending on the current order situation, the personnel deployment will be adjusted in the short term by means of a software. The prototypical implementation and validation of the methodology in the context of industrial cooperation demonstrates the effectiveness of the coordination approach to achieve the specified objectives.

Inhaltsverzeichnis

Formelzeichen und Abkürzungen

Formelzeichen

Zeichen	Einheit	Bezeichnung
A_0	[-]	Äquivalente Anzahl an Ausführungen zu L_0
A_1	[-]	Äquivalente Anzahl an Ausführungen zu L_1
A_E	[h]	Entwicklungsaufwand
$a_{j,m}$	[-]	Anforderung für Prozesses j und Merkmalsausprägung m
$A_{j,m}$	[-]	Anforderungsprofil für Arbeitsplatz j mit m Merkmalen
A_{MA}	[h]	Mitarbeiteraufwand
AP_j	[-]	Arbeitsplatz j
A_T	[h]	Traineraufwand
$\bar{A}_j$	[-]	Quadratischer Mittelwert des Anforderungsprofils für Prozess j
B	[-]	Bereits durchgeführte Ausführungen
$B(a_{j,m})$	[-]	Bewertung der Merkmalsausprägung m von Prozess j
$B(k_{i,m})$	[-]	Bewertung der Merkmalsausprägung m von Mitarbeiter i
c	[-]	Grenzwert des Lernfortschritts
E	[-]	Entwicklungsanteil
$E_{i,j}$	[-]	Eignungswert des Mitarbeiters i für den Arbeitsplatz j
FS	[-]	Fertigungsstückzahl mit (FS = 1, ..., F)
$g(a_{j,m})$	[-]	Relative Gewichtung des Anforderungsmerkmals m
G_L	[-]	Lerngewinn
i	[-]	Laufvariable für den Mitarbeiter mit (i = 1, ..., I)
j	[-]	Laufvariable für den Arbeitsplatz mit (j = 1, ..., J)
K_F	[€]	Fertigungsstückkosten
K_A	[€]	Arbeitskosten
$k_{i,m}$	[-]	Kompetenz für Mitarbeiter i und Merkmalsausprägung m
$K_{i,m}$	[-]	Kompetenzprofil für Mitarbeiter i mit m Merkmalen
K_M	[€]	Maschinenkosten
k_{M_j}	[€/h]	Maschinenkostensatz für Prozess j
K_P	[€]	Personalkosten
k_{P_i}	[€/h]	Personalkostensatz für Mitarbeiter i

K_W	[€]	Wartekosten
L	[-]	Leistungsgrad
L_0	[-]	Leistungsgrad vor der Ausführung
L_1	[-]	Leistungsgrad nach der Ausführung
L_{Kapa}	[-]	Lernkapazität
m	[-]	Merkmalsausprägung
$\|m\|$	[-]	Anzahl der Merkmalsausprägungen
M	[-]	Unreduzierbarkeit der Ausführungszeit
MA_{Aus}	[-]	Mitarbeiterauslastung
MA_i	[-]	Mitarbeiter i
MA_{Zeit}	[-]	Mitarbeiterarbeitszeit
MF	[-]	Mehrfachqualifikation mit (MF = 1, …, M)
m_x	[-]	Gleitender Mittelwert der Zeitreihe x
n	[-]	Anzahl der Ausführungen
N	[-]	Anzahl der zu fertigenden Erzeugnisse
PE	[-]	Personaleinsatzplan mit (PE = 1, …, P)
PS	[-]	Planungsszenarien mit (n = 1, …, N)
T	[-]	Traineranteil
t	[-]	Laufvariable für die Zeit
t_1	[h]	Zeit für die erste Ausführung
t_∞	[h]	Langfristig zu erreichende Ausführungszeit
t_{a_j}	[h]	Arbeitszeit für Prozess j über alle Erzeugnisse
t_n	[h]	Ausführungszeit nach n Wiederholungen
t_{p_j}	[h]	Prozesszeit für Prozess j
t_{w_j}	[h]	Wartezeit für Prozess j über alle Erzeugnisse
u	[-]	Monat
$ü_i$	[-]	Binärvariable der Überforderung
$Ü_{i,j}$	[-]	Überforderungsgrad des Mitarbeiters i für den Prozess j
$Ü_j$	[-]	Überforderungsgrad für den zugeordneten Prozess j
v	[-]	Lerngeschwindigkeit
VF	[-]	Verfügbarkeit mit (VF = 1, …, V)

w_u	[-]	Gewichtung für Wert in Monat u
$w_{j,m}$	[-]	Gewichtung für Prozesses j und Merkmalsausprägung m
$x_{i,j}$	[-]	Binärvariable für Zuordnung von Mitarbeiter i und Prozess j
x_t	[-]	Zeitreihe der monatlichen Mittelwerte
Z_{Quote}	[-]	Zuordnungsquote

Abkürzungen

AP	Arbeitsplatz
AWF	Arbeitsgemeinschaft für wirtschaftliche Fertigung
BDE	Betriebsdatenerfassung
BDSG	Bundesdatenschutzgesetz
BetrVG	Betriebsverfassungsgesetz
CNC	Computerized Numerical Control
DoE	Design of Experiments
DQR	Deutscher Qualifikationsrahmen
ERP	Enterprise Resource Planning
ESPE	Engpassorientierte Simulation von Personalstrukturen
FPS	Fertigungsplanung und -steuerung
GFOS	Gesellschaft für Organisationsberatung und Softwareentwicklung
HMI	Human Machine Interface
KDD	Knowledge Discovery in Databases
KIT	Karlsruher Institut für Technologie
KMU	Kleine und mittlere Unternehmen
KPZ	Kompetenzzelle
MA	Mitarbeiter
MDE	Maschinendatenerfassung
MES	Manufacturing Execution System
MRP	Material Requirements Planning
MRP II	Manufacturing Resource Planning
MTM	Methods-Time Measurement
NC	Numerical Control
PEP	Personaleinsatzplanung

PPS	Produktionsplanung und -steuerung
REFA	Verband für Arbeitsgestaltung, Betriebsorganisation und Unternehmensentwicklung
SCADA	Supervisory Control and Data Acquisition
SPS	Speicherprogrammierbare Steuerung
V&V	Vorschlagen und Vertauschen
VBA	Visual Basic for Applications
VDI	Verband Deutscher Ingenieure
XPS	Expertensystem

1 Einleitung

Zur Ableitung von Herausforderungen für die Produktion der Zukunft werden vielfach Megatrends herangezogen [TIS14]. Hierzu zählen die Trends der Wissensgesellschaft, des demografischen Wandels sowie die Dynamisierung der Produktlebenszyklen. Resultierende Herausforderungen stellen die Wandlungsfähigkeit und Flexibilität, unter anderem durch die Entwicklung kompetenter Mitarbeiter, dar [ABE11]. Diese können von konkurrierenden Unternehmen nicht einfach übernommen werden, wie zum Beispiel Fertigungstechnologien, die jedem Marktteilnehmer zur Verfügung stehen [LOT12].

Vor diesem Hintergrund hat das Kompetenzmanagement das Ziel, die Wettbewerbsfähigkeit eines Unternehmens durch die anforderungsgerechte Qualifizierung der Mitarbeiter langfristig zu sichern. Vom Bundesministerium für Bildung und Forschung in Auftrag gegebene Befragungen zur beruflichen Weiterbildung zeigen, dass die Teilnahme an beruflichen Weiterbildungsmaßnahmen seit 1979 kontinuierlich angestiegen sind [BMB14]. Dabei stellen die Unternehmen den wichtigsten Träger der beruflichen Weiterbildung dar. Dies verdeutlicht, dass die Personalentwicklung als strategischer Erfolgsfaktor in der betrieblichen Praxis gesehen wird [BEC13].

Die Fertigungsplanung nutzt die gegebenen Produktionsressourcen, wie die Mitarbeiter und Maschinen, um diese für eine effiziente Auftragsbearbeitung zu koordinieren [HUN14]. Die getrennte Betrachtung des Kompetenzmanagements und der Fertigungsplanung führt somit zu einem Spannungsfeld zwischen der langfristig ausgerichteten Personalentwicklung und dem kurzfristigen Streben nach Produktivitätssteigerungen. Dabei ist das Modell des arbeitsintegrierten Lernens für Unternehmen besonders attraktiv, da die finanziellen und zeitlichen Aufwände vergleichsweise gering sowie die Lerneffekte relativ hoch sind [PFE07]. Nach der 5. Globalen Produktivitätsstudie der Unternehmensberatung Proudfoot Consulting werden zudem 37 % der Arbeitszeit weltweit verschwendet. Dies ist vorwiegend auf eine mangelnde Planung und Steuerung zurückzuführen.

Zur Steigerung der Transparenz und Verbesserung der Produktivität werden in produzierenden Unternehmen vermehrt Manufacturing Execution Systeme (MES) eingesetzt. Diese eignen sich ebenfalls für die Integration eines Kompetenzmanagements in die Fertigungsplanung, da sie die Koordination der Produktionsressourcen zur Bearbeitung der Fertigungsaufträge vornehmen. Innerhalb derartiger Systeme wird der Einfluss des Mitarbeiters auf die Produktionszielgrößen jedoch weitestgehend vernachlässigt [KLE07]. Eine für diese Arbeit durchgeführte Studie unter 43 produzierenden kleinen und mittleren Unternehmen (KMU) zeigt, dass dies insbesondere durch die schwierige Messbarkeit und den hohen Aufwand zur Bestimmung des Mitarbeitereinflusses begründet wird. Gleichzeitig sind solche Systeme oftmals mit einer Betriebsdatenerfassung (BDE) verknüpft, die Informationen über den aktuellen Bearbeitungsfortschritt in der Fertigung bereitstellen. In diesen Informationen liegt somit ebenfalls Wissen vor, das zur aufwandsarmen Prognose des Mitarbeitereinflusses genutzt werden kann.

Die skizzierten, bestehenden Defizite in Wissenschaft und Praxis machen deutlich, dass ein hohes Potenzial zur arbeitsintegrierten Entwicklung des Mitarbeiters in der Fertigungsplanung ungenutzt bleibt. Da die Mitarbeiterentwicklung im täglichen Arbeitsprozess stattfindet, ist sie durch die Zuordnung der Mitarbeiter zu den Arbeitsplätzen beeinflussbar. Der Mitarbeiter stellt somit aufgrund seiner Individualität und Komplexität die Produktionsressource dar, die einerseits am schwersten zu planen und zu steuern ist, andererseits jedoch das größte Optimierungspotenzial bietet.

Gegenstand dieser Arbeit ist daher die Entwicklung und Erforschung einer Methodik zur kompetenzorientierten Fertigungsplanung und -steuerung. Durch die Abbildung der Mitarbeiterkompetenz und dessen Entwicklung wird eine Entscheidungsunterstützung für eine kostenoptimale Personaleinsatzplanung (PEP) angestrebt. Hierdurch sollen langfristig eine Steigerung der Mitarbeiterflexibilität und eine nachhaltige Senkung der Fertigungskosten erzielt werden. Zudem soll durch die Verknüpfung mit einem MES und Nutzung von Betriebsdaten eine hohe Reaktionsfähigkeit sichergestellt und eine zielgerichtete Steuerung des Personaleinsatzes ermöglicht werden.

2 Stand des Wissens

Die Entwicklung einer Methodik zur kompetenzorientierten Fertigungsplanung und -steuerung erfordert im terminologisch-deskriptiven Teil dieser Arbeit die Schaffung eines einheitlichen Begriffsverständnisses sowie die detaillierte Kenntnis bereits bestehender, wissenschaftlicher Ansätze.

2.1 Abgrenzung des Untersuchungsgegenstands

In der vorliegenden Arbeit wird untersucht, wie die Leistungsfähigkeit wissensintensiver Produktionssysteme durch eine kompetenzorientierte Fertigungsplanung und -steuerung gesteigert werden kann. Dabei sollen Produktionsziele, zum Beispiel niedrige Herstellkosten, hohe interne Flexibilität, und vorliegende Rahmenbedingungen, zum Beispiel der aktuelle Auftragsbestand, im Rahmen der Planung und Steuerung systematisch für den Bereich der Produktion berücksichtigt werden. Dem Kompetenzmanagement kommt hierbei eine wichtige Rolle zu. Dessen Ziel besteht darin, Mitarbeiterkompetenzen transparent zu beschreiben, effektiv zu nutzen sowie deren Weiterentwicklung zu fördern [GRÖ04]. CHARLIN beschreibt wissensintensive Produktionssysteme durch hohe Anforderungen an die Breite, Tiefe und Aktualität des Wissens und Könnens der Produktionsmitarbeiter [CHA14]. Diese resultieren wiederum aus dem steigenden Anforderungs- und Komplexitätsgrad der Produkte, Produktionsprozesse und betrieblicher Organisationen [SCH97, ASC06]. Hieraus folgt die hohe Vielfalt durchzuführender Prozesse, die jeweils einen hohen Grad unterschiedlicher Qualifikationen und Erfahrungen der Produktionsmitarbeiter benötigen.

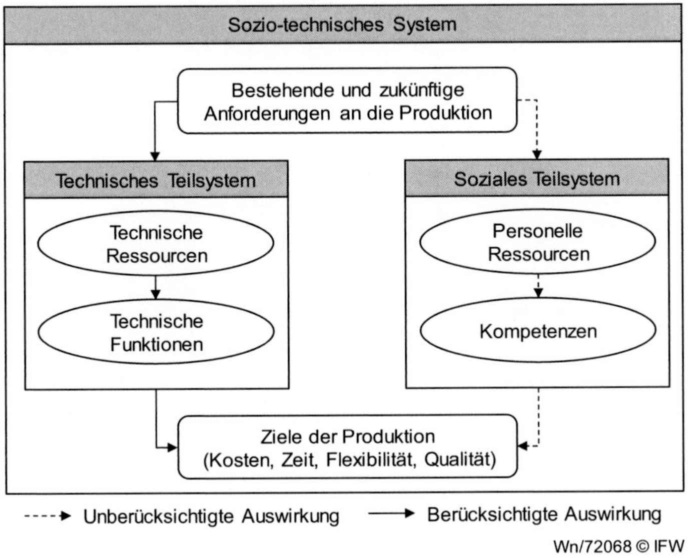

Bild 2.1: Das sozio-technische System der wissensintensiven Produktion [CHA14]

CHARLIN legt dar, dass in einer Produktion, welche durch hohe Variantenvielfalt und einen großen Teil manueller Tätigkeiten geprägt ist, der Einfluss der Mitarbeiter auf das Produktionsergebnis zunehmend größer wird. Der Erfolg produzierender Unternehmen kann somit nicht alleine durch den intelligenten Einsatz von Produktionsmitteln garantiert werden [CHA14]. Deshalb gilt es, das Produktionssystem nicht auf die Betrachtung der technischen Ressourcen zu reduzieren, sondern durch die Berücksichtigung des Mitarbeiters auf ein sozio-technisches System zu erweitern, vergleiche Bild 2.1. Eine kompetenzorientierte Fertigungsplanung und -steuerung fokussiert die systematische Berücksichtigung bestehender Kompetenzen der Produktionsmitarbeiter und deren anforderungsgerechte Entwicklung durch gezielte Zuweisung anstehender Arbeitsaufgaben zu den Mitarbeitern. Durch arbeitsintegrierte Lerneffekte verändern sich die Mitarbeiterkompetenzen und folglich die Einsatzflexibilität innerhalb des Produktionssystems. Die notwendigen Kompetenzen ergeben sich, wie Bild 2.1 zeigt, aus den bestehenden und zukünftigen Anforderungen an die Produktion. Diese legen ebenfalls fest, was die übrigen Produktionsressourcen leisten müssen, während diese ebenfalls einen direkten Einfluss auf die Produktionsziele ausüben. Damit ergibt sich das sozio-technische Produktionssystem, bestehend aus einem technischen und sozialen Teilsystem [CHA14].

Im Folgenden wird von einer wissensintensiven Produktion gesprochen, wenn das soziale Teilsystem im Vergleich zum technischen Teilsystem deutlich mehr ins Gewicht fällt. Dies ist beispielsweise bei Reihenfertigungen mit einem hohen manuellen Arbeitsanteil oder Werkstattfertigungen mit einer hohen Variantenvielfalt häufig der Fall. Die Ausführungszeiten in diesen Arbeitssystemen sind stärker vom sozialen Teilsystem, also vom Mitarbeiter, geprägt. Die Zeitanteile, welche durch das technische Teilsystem geprägt werden, zum Beispiel durch Maschinenhauptzeiten, treten hierbei in den Hintergrund [GRE01, SCH10].

2.2 Einordnung in die Produktionsplanung und -steuerung

Um die Methode zur Planung und Steuerung von Mitarbeitern in die Produktionsplanung und -steuerung (PPS) einordnen und abgrenzen zu können, werden die Aufgaben und Ziele der PPS dargestellt.

<u>Aufgaben</u>

Unter der PPS werden die termin-, kapazitäts- und mengenbezogene Planung und Steuerung der Fertigungs- und Montageprozesse verstanden [SCH12, WIE09]. Das Aachener PPS-Modell stellt die unternehmensinternen Planungs- und Steuerungsprozesse in den Vordergrund und ordnet diese als Teil eines Wertschöpfungsnetzwerkes ein [SCH12]. Entsprechend finden sich Netzwerk-, Kern- und Querschnittsaufgaben wieder. Netzwerkaufgaben umfassen sämtliche Aufgaben zur Abstimmung beziehungsweise Koordination der Netzwerkpartner innerhalb des Unternehmensnetzwerks, wie die strategisch ausgelegte Netzwerkkonfiguration, Netzwerkabsatzplanung und Netzwerkbedarfsplanung. Die Kernaufgaben fassen sämtliche Aufgaben des eigentlichen Produkterstellungsprozesses innerhalb eines Unternehmens zusammen. So lassen sich die Produktionsprogrammplanung, die Produktionsbedarfsplanung, die Eigenfertigungsplanung und -steuerung und die Fremdbezugsplanung und -steuerung nennen [SCH12]. Querschnittsaufgaben, wie das Auftrags-, das Bestandsmanagement und das Controlling enthalten Elemente von Kern- und Netzwerkaufgaben und nehmen somit eine Koordinationsfunktion ein. In dieser Arbeit steht die unternehmensinterne Planung und Steuerung der Mitarbeiter im Fokus, weshalb im Folgenden die **Kernaufgaben** der PPS genauer vorgestellt werden.

In der **Produktionsprogrammplanung** werden nach HACKSTEIN die herzustellenden Erzeugnisse nach Art, Menge und Termin für einen definierten Planungszeitraum festgelegt [HAC89]. Um zu prüfen, ob das Produktionsprogramm realisierbar ist, wird eine Ressourcengrobplanung durchgeführt. Die darauf aufbauende **Produktionsbedarfsplanung** hat die Aufgabe, eventuelle Defizite durch Beschaffungsprogramme zu beseitigen, um die Ressourcenverfügbarkeit für die Herstellung des Produktionsprogramms zu sichern. In diesem Zusammenhang wird das vorhandene Ressourcenangebot hinsichtlich Personal, Betriebsmittel, Hilfsmittel und Material mit dem notwendigen Ressourcenbedarf abgeglichen. Grundlage für die Planung des Ressourcenbedarfs stellen Arbeitspläne dar, aus denen die notwendigen Prozesse, zum Beispiel Drehen, Fräsen sowie deren Kapazitätsbedarf je Produktionsressource zur Produkterstellung hervorgehen. Ergebnisse der Produktionsbedarfsplanung stellen das Eigenfertigungs- sowie Fremdbezugsprogramm dar. Betrachtungsgegenstand in dieser Arbeit ist die Planung und Steuerung der unternehmensinternen Mitarbeiter, weshalb die **Fremdbezugsplanung und -steuerung** nicht weiter betrachtet wird. Die Schritte der **Eigenfertigungsplanung und -steuerung**, die im Folgenden als Fertigungsplanung und -steuerung (FPS) bezeichnet wird, sind in Bild 2.2. dargestellt.

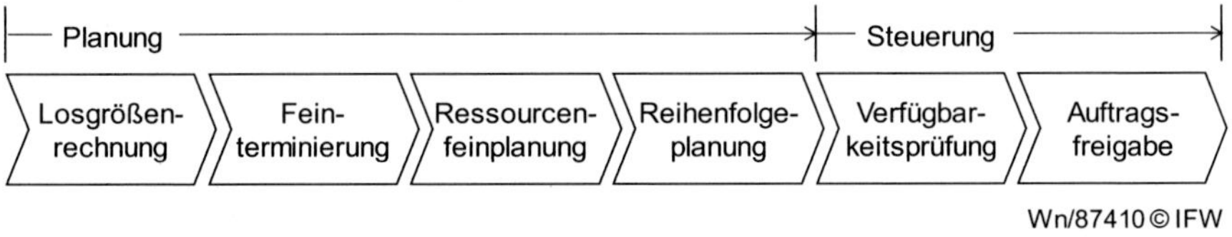

Bild 2.2: Schritte der FPS in Anlehnung an [HAC89, EVE02, WIE09, SCH12]

Anfangs werden die Aufträge für den Betrachtungszeitraum im Rahmen der **Losgrößenrechnung** in ein oder mehrere Fertigungslose aufgeteilt. Zur Ermittlung wirtschaftlich optimaler Losgrößen ist der Zielkonflikt zwischen einer hohen Auslastung bei großen Losen und niedrigen Beständen bei kleinen Losen zu lösen [GIE06]. Darauf aufbauend ermittelt die **Feinterminierung** die Start- beziehungsweise Endtermine für die gebildeten Fertigungslose mithilfe einer Rückwärts- beziehungsweise Vorwärtsterminierung. Ergibt die Feinterminierung kein befriedigendes Planungsergebnis, zum Beispiel der Endtermin liegt hinter dem Liefertermin, so ist die Losgrößenrechnung oder die Produktionsbedarfsplanung zu wiederholen [SCH12]. Bei der Feinterminierung wird davon ausgegangen, dass unbegrenzte Kapazitäten der Produktionsressourcen zur Verfügung stehen. Im Rahmen der **Ressourcenfeinplanung** wird diese Vereinfachung aufgehoben. Eine resultierende Überauslastung kann zum Beispiel durch die Veranlassung einer Sonderschicht gelöst werden. Fallen gleichzeitig Unterauslastungen an, so bietet sich die Verschiebung der Überlast in Bereiche niedrigerer Belastung oder auf andere Kapazitäten an. Alternativ zur sequentiellen Durchführung lässt sich eine Simultanplanung von Terminen und Kapazitäten in einem Planungsschritt durchführen [SCH12]. Die **Reihenfolgeplanung** ermittelt die Abarbeitungsreihenfolge für die vorgesehenen Prozesse innerhalb des Planungszeitraums an den einzelnen Arbeitsstationen [HAC89]. Hierzu werden Selektionskriterien, zum Beispiel Prioritätsregeln, oder Kumulationskriterien, zum Beispiel Rüstzeitminimierung, herangezogen [SCH12].

Mit der **Verfügbarkeitsprüfung** beginnt der steuernde Charakter der FPS. Nach der Einplanung und vor der Freigabe eines Auftrags wird die Verfügbarkeit aller erforderlichen Ressourcen, zum Beispiel Material, Maschine, geprüft. Ist beispielsweise die festgelegte Kapazitätsbelegung nicht mehr realisierbar, so ist eine erneute Feinterminierung erforderlich. Die **Auftragsfreigabe** veranlasst die anschließende Reservierung der Ressourcen, wobei festgelegte Freigaberegeln, wie zum Beispiel die belastungsorientierte Auftragsfreigabe, angewendet werden.

Ziele

Die PPS verfolgt eine Optimierung der Produktion anhand der klassischen Kosten-, Zeit- und Qualitätsziele vor dem Hintergrund kurz-, mittel- und langfristiger Planungshorizonte [GIE06]. Das Erreichen der Zielstellung wird dabei durch unterschiedliche Planungsparameter beziehungsweise Einflussgrößen determiniert, siehe Bild 2.3.

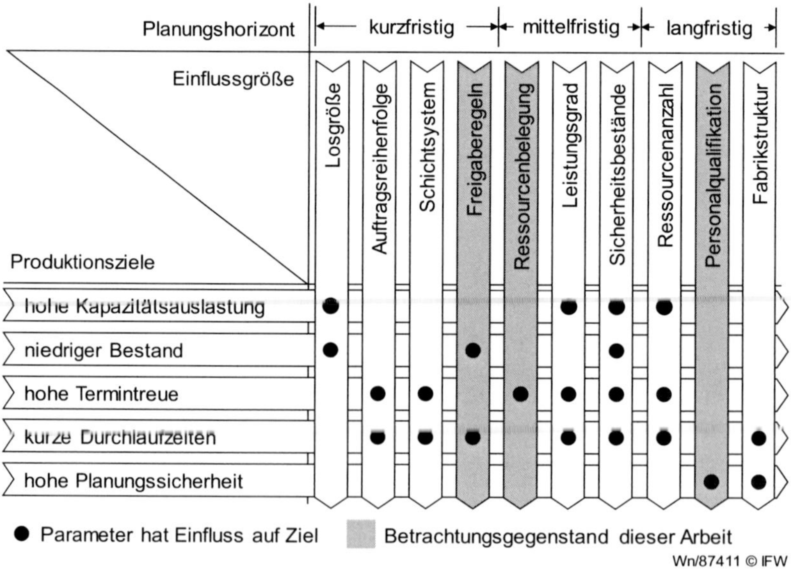

Bild 2.3: Produktionsziele und deren Einflussgrößen in Anlehnung an [GIE06]

WIENDAHL beschreibt das Zielsystem der PPS über die Logistikleistung und Logistikkosten. Die Liefertreue und -zeit stellen die Teilziele der Logistikleistung dar, während sich die Logistikkosten durch die Prozess- und Kapitalbindungskosten bestimmen lassen. Diese vier Teilziele werden durch eine hohe Kapazitätsauslastung und Termintreue, kurze Durchlaufzeiten und niedrige Bestände erreicht. Der Zielkonflikt besteht in einer hohen Liefertreue und einer kurzen Lieferzeit bei zeitgleich geringen Prozess- und Kapitalbindungskosten [WIE09]. Die Produktionsziele lassen sich durch die Einflussgrößen entsprechend des Planungshorizonts beeinflussen.

Einordnung

Die im vorangegangen Kapitel durchgeführte Beschreibung des Betrachtungsgegenstands macht deutlich, dass sowohl planerische als auch steuernde Aspekte in dem zu entwickelnden Ansatz zu berücksichtigen sind. Hierzu lassen sich die Einflussgrößen Freigaberegeln und Ressourcenbelegung sowie die Personalqualifikation heranziehen. Dabei wird ein besonderer Fokus auf die Kompetenzen der Produktionsmitarbeiter gelegt. Bild 2.4 ordnet die in dieser Arbeit betrachteten Aspekte entsprechend der Kernaufgaben der PPS ein.

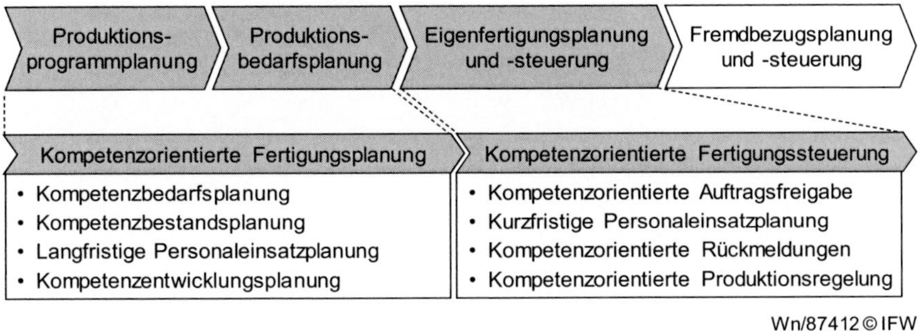

Bild 2.4: Einordnung der Teilmethoden und deren Bestandteile in die PPS

Innerhalb der Produktionsbedarfsplanung soll der Bedarf auf Basis der Produktionsprogrammplanung ermittelt werden. Im Vordergrund steht dabei der Bedarf an Mitarbeiterkompetenzen. Dieser ist durch langfristiges, arbeitsintegriertes Lernen mithilfe der PEP gezielt zu beeinflussen. Kurzfristig kann mithilfe einer Prüfung der Verfügbarkeit notwendiger Kompetenzen die Auftragsfreigabe erfolgen. Anhand von Rückmeldungen aus der Produktion kann die PEP kurzfristig angepasst werden und zu einer Regelung beitragen. Um die Ressource Personal in die PPS integrieren zu können, werden im Folgenden die relevanten Bestandteile der Personalplanung erarbeitet. Die Untersuchung der Ansätze erfolgt vor dem Hintergrund nachfolgend aufgeführter Kriterien, die für die Entwicklung einer kompetenzorientierten Fertigungsplanung und -steuerung von Relevanz sind:

- Berücksichtigung von Kompetenzen der Mitarbeiter
- Bestimmung des Kompetenzeinflusses auf die Produktionsziele

- Beschreibung der arbeitsintegrierten Kompetenzentwicklung
- Steuerung anhand von aktuellen Fertigungssituationen
- Integration in die Fertigungsplanung und -steuerung
- Entscheidungsunterstützung durch ein rechnergestütztes Werkzeug
- Praktische Relevanz: Flexibilität, Aufwand, Genauigkeit, Anwendbarkeit

2.3 Methoden zur Planung des Personaleinsatzes

Die Produkterstellung erfordert die Bereitstellung unterschiedlicher Faktoren. So ist sicherzustellen, dass die erforderlichen Rohstoffe und Betriebsmittel in hinreichender Qualität und Quantität zur Verfügung stehen [RID99]. Ebenso ist es erforderlich, das Personal und dessen Kompetenzen zu planen. Die Beschaffung, die Entwicklung und der Einsatz von Personal erfordert eine, mit der Unternehmensplanung abgestimmte, Personalplanung, die sich in die Bedarfs- und Maßnahmenplanung unterteilen lässt, vergleiche Bild 2.5 [STR95, MAG98].

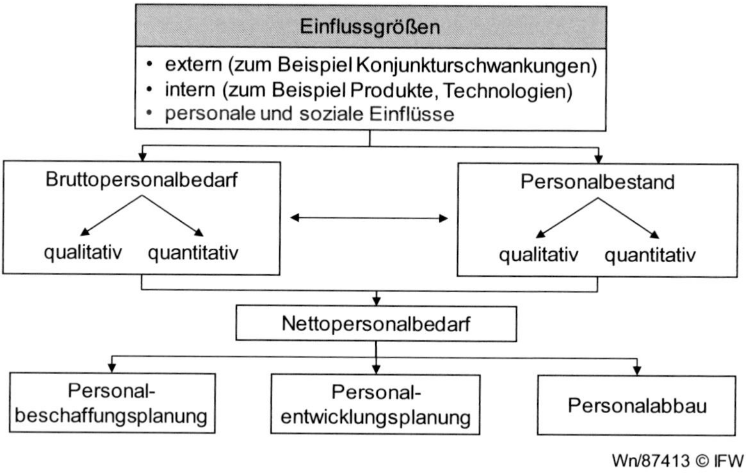

Bild 2.5: Bedarfs- und Maßnahmenplanung in der Personalplanung [WIM91]

Die **Bedarfsplanung** wird anhand von zwei Bereichen differenziert: die qualitative und die quantitative Personalbedarfsplanung. Dabei befasst sich die qualitative Planung mit der Abbildung der Kompetenzen, welche zukünftig im Unternehmen benötigt werden. Im Gegensatz dazu ist der Betrachtungsgegenstand der quantitativen Planung die Anzahl der benötigten Mitarbeiter im Unternehmen [WIM91].

Die Bedarfsplanung stellt eine Folgeplanung dar, die sich aus übergeordneten Plänen des Unternehmens hinsichtlich der Absatz-, Investitions- und Produktionsplanung ergibt. Durch den Abgleich von Bruttopersonalbedarf und Personalbestand wird der Nettopersonalbedarf als Eingangsgröße der **Maßnahmenplanung** ermittelt

[RID99]. Im Falle einer Unterdeckung sind die benötigten Kompetenzen am Arbeitsmarkt zu beschaffen oder durch Maßnahmen der Personalentwicklung zu erzeugen. Bei einer Überdeckung sind interne Arbeitsplatzwechsel oder Freisetzungen erforderlich [RID99].

Personaleinsatzplanung

Inhalt der PEP ist nach HACKSTEIN die zukünftige quantitative, qualitative, örtliche und zeitliche Einordnung der verfügbaren personellen Kapazität in den Leistungsprozess des Unternehmens unter Berücksichtigung der betrieblichen Ziele und der legitimen Belange der einzelnen Mitarbeiter [HAC77]. Ihr obliegt die Aufgabe der Mitarbeiterzuordnung zu entsprechenden Aufträgen beziehungsweise Arbeitsaufgaben, indem die Kompetenzen der Mitarbeiter mit den Anforderungen an die Arbeitsaufgabe verglichen und aufeinander abgestimmt werden [LAN07]. Die PEP kann somit als potenzielles Bindeglied zwischen der Personal- und Produktionsplanung verstanden werden. In der Planungsphase des Personaleinsatzes lassen sich zwei Problembereiche unterscheiden, das Zuordnungsproblem und das Anpassungsproblem, vergleiche Bild 2.6.

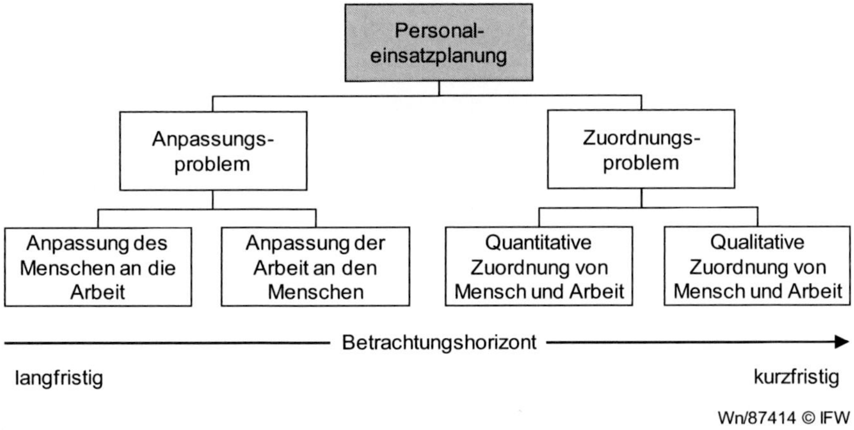

Bild 2.6: Funktionen der PEP in Anlehnung an [ZÜL79]

Das **Anpassungsproblem** beschäftigt sich mit der wechselseitigen Anpassung von Personal und Arbeit. Zum einen geht es um die personalgerechte Ausgestaltung der Arbeitstätigkeiten, zum anderen um die anforderungsgerechte Förderung und Entwicklung des Personals [HOR97]. Das Anpassungsproblem weist einen langfristigen Charakter und viele Schnittstellen zu anderen betrieblichen Disziplinen, wie der Arbeitsgestaltung und der Personalentwicklung, auf. Der zu entwickelnde Ansatz soll sowohl kurz- als auch langfristig ausgelegt sein und daher neben der Zuordnungs- auch die Anpassungsproblematik erfassen. Dabei beschränkt sich die Lösung des Anpassungsproblems auf die gezielte Entwicklung des Mitarbeiters durch arbeitsintegriertes Lernen. Hierzu werden in Kapitel 2.5 die Formen und Prognose der Kompetenzentwicklung beschrieben. Die zentrale und kurzfristig ausgerichtete Aufgabe der PEP besteht in der Lösung des **Zuordnungsproblems**, also in der optimalen Kombination von Personal und Arbeit.

Die **quantitative Zuordnung** bezieht sich auf die Anzahl der Mitarbeiter, die im betrieblichen Leistungsprozess eingesetzt werden. Für die Zuordnung werden alle Mitarbeiter als gleichwertig in Bezug auf die Erfüllung der Arbeitsaufgaben betrachtet. Eine differenzierte Erfassung der individuellen Kompetenzen der Mitarbeiter und der Erreichung von Zielgrößen der Produktion findet nicht statt [HOR97]. Vielmehr werden mithilfe von linearen Optimierungsmodellen, aus einem gegebenen Auftragsvolumen, Schichtpläne erstellt. Ein solcher Plan enthält Informationen darüber, welche Produktionsmengen in den einzelnen Schichten gefertigt werden und wie viele Mitarbeiter dafür erforderlich sind. Das Ziel besteht in einer gleichmäßigen Auslastung des zur Verfügung stehenden Personals [HOR97]. Aufgrund der einfachen und kostengünstigen Anwendbarkeit ist das Prinzip der quantitativen Personalzuordnung in der betrieblichen Praxis weit verbreitet [JUN11]. Für eine zielgerichtete und kompetenzorientierte FPS eignet sich die quantitative Zuordnung jedoch nicht, da die individuellen Kompetenzen der Mitarbeiter nicht einbezogen werden.

Ansätze der **qualitativen Zuordnung** bewerten Mitarbeiter anhand von Kompetenzprofilen und stellen diese den Anforderungsprofilen der einzelnen Arbeitsplätze gegenüber [ZÜL76]. Aus einer vergleichenden Gegenüberstellung von Kompetenz- und Anforderungsprofil lassen sich Aussagen über die Eignung eines Mitarbeiters für einen Arbeitsplatz ableiten, vergleiche Bild 2.7.

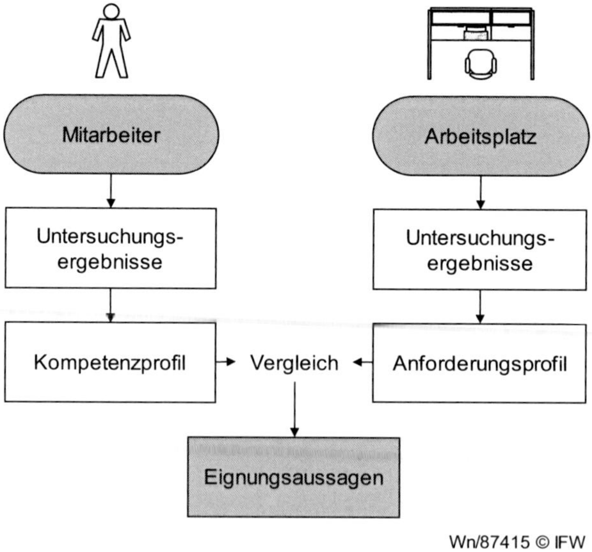

Bild 2.7: Verfahren der qualitativen Personalzuordnung in Anlehnung an [HAC77]

Eine übersichtliche Darstellung und Verwaltung der resultierenden Eignungswerte und Kompetenzlücken ermöglicht eine Kompetenzmatrix [GRÖ04]. Im Folgenden werden allgemeine sowie produktionsspezifische Verfahren der qualitativen Personalzuordnung dargestellt.

Allgemeine Ansätze der qualitativen Personalzuordnung

Bei der **summarischen Zuordnung** wird die Eignung der Mitarbeiter zu den Arbeitsplätzen anhand eines einzigen, zusammenfassenden Merkmals beurteilt. Dazu werden Arbeitsplätze mit qualitativ ähnlichen Arbeitsanforderungen zu Arbeitsplatzgruppen zusammengefasst. Anschließend wird mit einer groben Bewertungsskala die individuelle Eignung jedes Mitarbeiters bezüglich des Arbeitsplatzes beurteilt [JUN11]. Bei der Zuweisung besteht das Ziel darin, die Mitarbeiter so auf die Arbeitsplätze zu verteilen, dass ein Optimum zwischen den Kompetenzen und Anforderungen der Arbeitskräfte und Arbeitsplatzgruppen erreicht wird. Ein Beispiel für eine summarische Zuordnung ist in Bild 2.8 dargestellt.

	Drehen			Fräsen		Schleifen	
Arbeitsplatz Nr.	1	2	3	1	2	1	2
Mitarbeiter 1	+	+	+	o	o	-	-
Mitarbeiter 2	+	+	+	o	o	o	o
Mitarbeiter 3	+	+	+	o	o	o	o
Mitarbeiter 4	o	o	o	+	+	o	o
Mitarbeiter 5	o	o	o	+	+	o	o
Mitarbeiter 6	-	-	-	o	o	+	+
Mitarbeiter 7	-	-	-	+	+	+	+

- nicht geeignet
o wenig geeignet
+ gut geeignet
(grau) Stammzuordnung

Wn/87416 © IFW

Bild 2.8: Schema der summarischen Zuordnung

Bei der summarischen Zuordnung erfolgt im Gegensatz zur quantitativen Einsatzplanung eine Eignungsaussage mithilfe einer Ordinalskala. In dem dargestellten Beispiel wird allerdings deutlich, dass durch Mehrfacheignungen verschiedene Personalzuordnungen möglich sind. So könnten zum Beispiel Mitarbeiter vier und Mitarbeiter fünf ihre Arbeitsplätze tauschen, ohne dass sich die Zielerreichung ändert.

Demzufolge liefert die summarische Zuordnung aufgrund der groben Klassifizierungsmöglichkeiten kein eindeutiges und optimales Ergebnis [JUN11].

Bei der **analytischen Zuordnung**, zum Beispiel in der Profilmethode, wird im Unterschied zur summarischen Zuordnung eine größere Anzahl von Einzelmerkmalen berücksichtigt. Um eine Eignungsaussage treffen zu können, werden die Anforderungen der Arbeitsplätze den Kompetenzen der Mitarbeiter für jeweils identische und quantifizierbare Merkmale gegenübergestellt [JUN11]. Ein Eignungswert $E_{i,j}$ gibt Auskunft darüber, wie geeignet der Mitarbeiter i für den Arbeitsplatz j ist. Weiterhin bezeichnet K_i das Kompetenzprofil des Mitarbeiters i, A_j das Anforderungsprofil des Arbeitsplatzes j und m die Merkmalsausprägungen, die diese Profile enthalten. Die Eignungswerte berechnen sich aus der Summe der absoluten Differenz aller Merkmalsausprägungen der Kompetenz- und Anforderungsprofile [SCH00].

$$E_{i,j} = \sum_m \left| K_{\mathrm{i,m}} - A_{\mathrm{j,m}} \right| \qquad (2.1)$$

Ein niedriger Eignungswert impliziert eine große Ähnlichkeit von Anforderungs- und Kompetenzprofil und demzufolge ein hohes Maß an Eignung des Mitarbeiters für den Arbeitsplatz. Die Eignungswerte für alle Mitarbeiter und Arbeitsplätze lassen sich in einer Eignungsmatrix darstellen, vergleiche Bild 2.9.

K_3	Merkmalsausprägung m	A_1	Bewertung der Eignung $E_{1,3}$
2	Praktische Erfahrung	4	= I2 - 4I +
3	Verantwortung	2	I3 - 2I +
2	Kommunikation	3	I2 - 3I +
1	Physische Belastung	1	I1 - 1I **= 4**

Eignungsmatrix	j = 1	j = 2	j = 3
i = 1	1	3	2
i = 2	2	1	4
i = 3	**4**	2	5

Wn/87117 © IFW

Bild 2.9: Bestimmung einer Eignungsmatrix

Für die Zuordnung der Mitarbeiter zu den Arbeitsplätzen, mithilfe einer solchen Eignungsmatrix, bestehen sowohl heuristische als auch analytische Verfahren. Im Folgenden sollen zwei dieser Verfahren näher erläutert werden.

Beim **Rangordnungsverfahren** erfolgt die Zuordnung, indem nacheinander jedem Arbeitsplatz der Mitarbeiter mit dem höchsten Eignungswert zugewiesen wird. Bild 2.10 zeigt ein Beispiel für eine Zuordnung nach dem Rangordnungsverfahren [JUN11].

	Eignungsmatrix			Zuordnungsmatrix		
	j = 1	j = 2	j = 3	j = 1	j = 2	j = 3
i = 1	1	3	2	1	0	0
i = 2	2	1	3	0	1	0
i = 3	4	2	5	0	0	1

Wn/87418 © IFW

Bild 2.10: Ergebnis des Rangordnungsverfahrens

Der wesentliche Nachteil dieser Heuristik besteht darin, dass die Eignung der Mitarbeiter isoliert voneinander betrachtet wird und das Gesamtergebnis nicht zwangsläufig optimal ist. Als weiterer Kritikpunkt lässt sich anführen, dass die Lösung von der Reihenfolge abhängig ist, nach der die Mitarbeiter den Arbeitsplätzen zugeordnet werden.

Beim **mathematischen Verfahren** wird das Zuordnungsproblem mithilfe der linearen Optimierung gelöst. Die lineare Optimierung ist eines der Hauptverfahren des Operations-Researchs und beschäftigt sich mit der Optimierung linearer Zielfunktionen in einem durch Nebenbedingungen eingeschränkten Lösungsraum. Der zu minimierende Gesamteignungsgrad lässt sich als Zielfunktion wie folgt beschreiben, wobei die Binärvariable $x_{i,j}$ angibt, ob der Mitarbeiter i dem Arbeitsplatz j zugeordnet wurde [SCH00]:

$$min \sum_i \sum_j E_{i,j} \cdot x_{i,j} \tag{2.2}$$

Über Nebenbedingungen ist sicherzustellen, dass jedem Arbeitsplatz nur ein Mitarbeiter und jedem Mitarbeiter genau ein Arbeitsplatz zugewiesen wird. Wird das dargestellte Zuordnungsproblem mit dem mathematischen Verfahren gelöst, verändert sich die Zuordnungsmatrix im Vergleich zum Rangordnungsverfahren, vergleiche Bild 2.11.

	Eignungsmatrix			Zuordnungsmatrix		
	j = 1	j = 2	j = 3	j = 1	j = 2	j = 3
i = 1	1	3	2	0	0	1
i = 2	2	1	4	1	0	0
i = 3	4	2	5	0	1	0

Wn/87419 © IFW

Bild 2.11: Ergebnis des mathematischen Verfahrens

Die damit einhergehende Verringerung des Zielfunktionswertes von sieben auf sechs zeigt, dass eine Lösung mit einem geringeren Gesamteignungsgrad besteht. Der Nachteil analytischer Verfahren liegt in dem hohen Rechenaufwand. In dem betrachteten Beispiel werden drei Mitarbeiter auf drei Arbeitsplätze verteilt. Wird hingegen eine Vielzahl von Produktionsmitarbeitern zu einzelnen Prozessen zugeteilt, stoßen analytische Verfahren an ihre Grenzen. Im industriellen Umfeld werden daher zur

FPS heuristische Verfahren eingesetzt, die Lösungen unter Einhaltung von Restriktionen erzeugen und diese schrittweise verbessern. Sie sind ein guter Kompromiss zwischen Rechenaufwand und Qualität der Lösung [KOR12].

Das **Vorschlagen und Vertauschen** (V&V) stellt ein solches heuristisches Verfahren zur Lösung von komplexen Zuordnungsproblemen dar [PUP90]. Im Vergleich zu reinen Suchverfahren handelt es sich um einen Algorithmus für Expertensysteme (XPS). In solchen Systemen wird spezifisches Wissen von Fachleuten zur Problemlösung genutzt. Aufgrund der Trennung von Wissen und Problemlösungsmethode ist das Verfahren durch den Austausch des Wissens bei unveränderter Problemlösungsmethode leicht anzupassen. Zudem wird die Effizienz der Lösungsfindung aufgrund des Expertenwissens gesteigert [PUP90]. Das Wissen umfasst in der PEP beispielsweise die Aufstellung von Anforderungs- und Kompetenzprofilen sowie die Auswirkung eines Eignungswerts auf die Zielgrößen. Der V&V-Algorithmus nutzt das folgende Schema zur Lösung solcher Zuordnungsprobleme [PUP90].

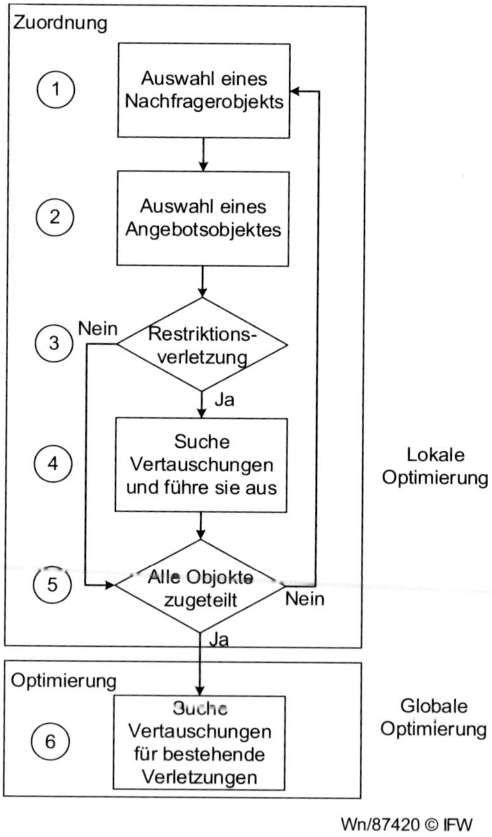

Bild 2.12: Ablauf des V&V-Algorithmus in Anlehnung an [PUP90]

Als **ersten Schritt** wählt der Algorithmus einen Nachfrager, zum Beispiel einen Prozess, aus der Startmenge aus. Die gezielte Priorisierung der Nachfrager nach lösungsfördernden Kriterien ist der erste Schritt zur effizienten Problembehandlung. Im **zweiten Schritt** erfolgt die Auswahl eines Anbieters, zum Beispiel eines Mitarbeiters, aus der Startmenge. Da ein Test aller Anbieter zu aufwendig wäre, schlägt der Algorithmus über eine oder mehrere Vorschlagsfunktionen einen Anbieter vor. Im **dritten Schritt** wird die Einhaltung der lokalen Restriktionen für die aktuelle Teillösung getestet. Sind Restriktionen verletzt worden, versucht der Algorithmus diese Konflikte im **vierten Schritt** zu lösen. Zuteilungen eines Anbieters, die Restriktionen verletzen, werden nach dem Test auf Restriktionsverletzungen zurückgezogen und erneut zugeteilt. Für die Beurteilung der Restriktionsverletzungen der aktuellen Zuteilungen ist eine Bewertungsfunktion notwendig. Hierzu lässt sich beispielsweise der Eignungswert eines Mitarbeiters für einen zugewiesenen Prozess heranziehen. Dieser soll durch Vertauschen mit anderen Anbietern reduziert werden. In **Schritt fünf** wird die Vollständigkeit der Zuordnung geprüft. Wurden alle Zuteilungen getroffen, erfolgt im **sechsten Schritt** eine abschließende Optimierung der Gesamtzuteilung. Dazu werden globale Restriktionen angewendet, die sich von den lokalen Restriktionen unterscheiden. Eine globale Restriktion für die PEP ist zum Beispiel ein maximaler Wert des Gesamteignungsgrads aller Zuteilungen, vergleiche Gleichung 2.2. Ziel der globalen Optimierung ist es, alle noch bestehenden Verletzungen ebenfalls durch Vertauschen aufzulösen [PUP90].

In den Ansätzen der quantitativen und summarischen Zuordnung werden die individuellen Mitarbeiterkompetenzen für die PEP unzureichend herangezogen. Beim Profilvergleichsverfahren ist zwar ein methodischer Abgleich von Mitarbeiterkompetenzen und Arbeitsplatzanforderungen vorgesehen, jedoch enthält dieser Ansatz keine Informationen darüber, wie sich die Übereineinstimmung auf die Zielgrößen der Produktion auswirkt. Heuristische Verfahren und insbesondere der V&V-Algorithmus stellen vielversprechende Ansätze zur effizienten Lösung von realen Zuordnungsproblemen unter Berücksichtigung einer Vielzahl von Nachfragern, Anbietern und Restriktionen dar [PUP90]. Im Folgenden wird untersucht, inwieweit derartige Ansätze zur Verwendung in der Produktion vorliegen.

Produktionsspezifische Ansätze der qualitativen Personalzuordnung

ASKAR entwickelte ein Modell für die mittelfristige Kapazitätsanpassung einer Produktionslinie in der Automobilindustrie. Der Fokus liegt auf einer Synchronisierung der Produktions- und Personalplanung, in dem notwendige Kapazitäten in einem Zeitraum von bis zu zwei Jahren ermittelt werden. Hierzu beschreibt er das Zusammenspiel von technischer und organisatorischer Flexibilität in einem rechnergestützten Planungswerkzeug, um Handlungsempfehlungen abzuleiten. Das Werkzeug berücksichtigt verschiedene Aspekte der Produktionskapazitäten, wie die Produktionsgeschwindigkeit und den Aufbau von Puffern, sowie Personalkapazitäten, wie den Arbeitskräftebedarf und Arbeitszeitkonten. Mithilfe eines Optimierungsansatzes auf Basis der Dynamischen Programmierung werden die kostenoptimale Anpassung der Produktions- und Personalkapazitäten ermittelt [ASK08].

HEMIG erweitert den Ansatz für eine integrierte Produktions- und Personalplanung auf parallelen Produktionslinien für die Bereiche Rohbau, Lackierung und Endmontage. Zur Reduzierung der Rechenzeit, die mit der Anzahl betrachteter Linien exponentiell ansteigt, wird ein heuristisches Verfahren verwendet. In diesem fungieren die Linien als Anbieter und die Produkte als Nachfrager von Produktionskapazität. Als Ergebnis resultiert die Zahl der Produkte je Linie und die dazu erforderliche Zahl der Einstellungen, Entlassungen und Verschiebungen von Arbeitskräften [HEM10].

STOCK stellt ein Verfahren zur operativen Personalplanung und -steuerung in der variantenreichen Serienfertigung vor [STO13]. Ziel ist die Restrukturierung der Aufbauorganisation für eine bedarfsorientierte und wandlungsfähige Produktion. Auf Basis der Gegenüberstellung des Kapazitätsbedarfs und -bestands werden Über- beziehungsweise Unterdeckungen ermittelt und durch den Einsatz von Personalkapazitätsanpassungen, zum Beispiel Urlaubs- und Freischichtplanung, nivelliert. Zudem wird eine Kapazitätsanpassung mithilfe des innerbetrieblichen Austausches von Personal zwischen den Organisationseinheiten verfolgt. Hierzu werden die Mitarbeiter in Arbeitsgruppen zusammengefasst und die Austauschmöglichkeit über einen binären Wert festgelegt. Die Ansätze von ASKAR, HEMIG und STOCK reduzieren den Mitarbeiter auf seine verfügbare Arbeitszeit. Individuelle Kompetenzen, deren Auswirkungen auf die Produktionszielgrößen und Entwicklung werden nicht betrachtet.

WITZGALL berücksichtigt die Kompetenzen eines Mitarbeiters in der Produktion durch die geistigen Fähigkeiten (Wissen), Motivation (Wollen) sowie praktische Fähigkeiten (Können) [WIT09]. Dazu wurde das Softwarewerkzeug entwickelt, mithilfe dessen sich Kompetenzen, die von den Mitarbeitern im Rahmen der Arbeitsprozesse genutzt und entwickelt werden, darstellen lassen. Die Berechnung der Eignung eines Mitarbeiters zur Erfüllung der Arbeitsaufgabe erfolgt mittels Gewichtung der einzelnen Kompetenzfaktoren. Durch die Darstellung der notwendigen Kompetenzen und der bestehenden Kompetenzdefizite kann das betriebliche Kompetenzmanagement unterstützt werden [WIT09]. Eine Integration des Kompetenzmanagements in die Fertigungsplanung zur Unterstützung der PEP wird nicht berücksichtigt.

Zwischenfazit: Es wird deutlich, dass bisherige Planungsansätze auf einer statischen beziehungsweise einmaligen Zuordnung von Mitarbeitern zu Arbeitsplätzen beruhen. Eine Anpassung der PEP anhand von aktuellen Fertigungssituationen, zum Beispiel anhand der Auslastung, ist nicht möglich. Innerhalb produktionsspezifischer Ansätze zur PEP wird der Mitarbeiter lediglich anhand seiner Arbeitszeit und seines Lohns beschrieben. Eine Berücksichtigung individueller Mitarbeiterkompetenzen erfolgt bei WITZGALL, um diese innerhalb des Kompetenzmanagements zu nutzen. Daher werden im Folgenden Ansätze des Kompetenzmanagements untersucht und auf eine Adaption für die FPS geprüft.

2.4 Ansätze zur Quantifizierung des Personaleinflusses

Im Rahmen dieses Kapitels werden Ansätze zur systematischen Beschreibung des Mitarbeiters und dessen Einfluss auf die Zielgrößen der Produktion untersucht. Die Kernaufgabe des Kompetenzmanagements ist nach NORTH „*Kompetenzen zu beschreiben, transparent zu machen, sowie den Transfer, die Nutzung und Entwicklung der Kompetenzen orientiert an den persönlichen Zielen des Mitarbeiters sowie den Zielen der Unternehmung sicherzustellen*“ [NOR13]. Im Folgenden werden deshalb die notwendigen Begriffe und Methoden des Kompetenzmanagements dargestellt.

Definition, Abgrenzung und Unterteilung des Kompetenzbegriffs

Zum Begriff der Kompetenz existieren in der Literatur zahlreiche Definitionen und Ansätze. FREI beschreibt Kompetenz als „*die Möglichkeit eines Individuums, in Abhängigkeit von seinen Lebensbedingungen seine kognitiven, sozialen und verhaltensmäßigen Fähigkeiten so zu organisieren und einzusetzen, dass es seine Wünsche, Ziele und Interessen verwirklichen kann*“ [FRE96]. In anderen Definitionen wird mehr auf den Aspekt der betrieblichen Leistungserstellung eingegangen. Nach KAUFFELD werden unter Kompetenz „*alle Fähigkeiten, Fertigkeiten, Denkmethoden und Wissensbestände des Menschen, die ihn bei der Bewältigung konkreter sowohl vertrauter als auch neuartiger Arbeitsaufgaben (...) handlungs- und reaktionsfähig machen*“ [KAU03] verstanden.

Der Kompetenzbegriff ist umfangreicher als der Qualifikationsbegriff und ist von diesem zu unterscheiden. ERPENBECK beschreibt Qualifikation als einen formalen Positionsbegriff, der objektiv, also unabhängig von ihrem Träger, beschreibbare Bildungspositionen umfasst [ERP08]. Nach STAEHLE beinhaltet Qualifikation „*die Gesamtheit an individuellen Fähigkeiten, Fertigkeiten und Kenntnissen im Berufsleben, die zur Erledigung arbeitsspezifischer Tätigkeiten befähigt*“ [STA99]. Unter Kompetenz werden dagegen diejenigen Fähigkeiten, Fertigkeiten, Wissensbestände und Erfahrungen verstanden, die ihn in seiner beruflichen Tätigkeit sowohl in vertrauten als auch in neuartigen Situationen handlungs- und reaktionsfähig machen [BUL04, BER97]. Im Unterschied zur zertifikatsbasierten Qualifikation ist die Kompetenz kontextabhängig und wird auch als berufliche Handlungskompetenz bezeichnet [DEH10, GIL05].

Eine notwendige und wesentliche Voraussetzung für die Erfassung und Bewertung von Kompetenz besteht in der Systematisierung des Kompetenzbegriffs [BER97]. In der Literatur wird dabei häufig zwischen fachlicher und überfachlicher Kompetenz unterschieden [BUL04]. Während fachliche Kompetenz unmittelbar zur Ausübung einer beruflichen Tätigkeit benötigt wird, bezeichnet überfachliche Kompetenz „*die Fähigkeiten und Fertigkeiten, die zur Ausübung einer bestimmten Tätigkeit nicht unmittelbar notwendig sind, aber die Qualität und Effektivität ihrer Ausführung beeinflussen können und zur aktuellen und zukünftigen Beschäftigungsfähigkeit des Individuums beitragen können*“ [BUL04]. Die überfachliche Kompetenz wird in die Facetten Methodenkompetenz, Sozialkompetenz und Selbstkompetenz eingeteilt, vergleiche Bild 2.13 [RIC05].

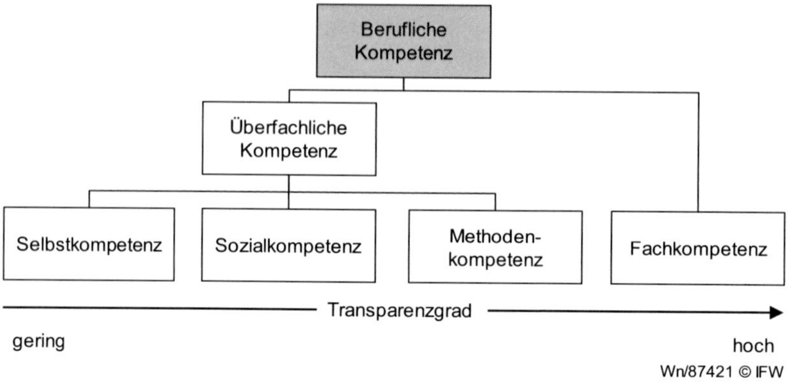

Bild 2.13: Facetten und Transparenzgrad der Kompetenz in Anlehnung an [BUL04]

GILLEN unterscheidet diese wiederum in Personal- und Sozialkompetenzen [GIL05]. Während die Personalkompetenz im Wesentlichen der Selbstkompetenz entspricht, wird die Methodenkompetenz als jeweiliger Bestandteil einer Kompetenzfacette aufgefasst. Generell nimmt der Transparenzgrad von der Fach- zur Selbstkompetenz ab [BUL04]:

- **Fachkompetenz**: Gesamtheit aller organisations-, prozess-, aufgaben- und arbeitsplatzspezifischer Fertigkeiten und Kenntnisse [FRA05]. Hierbei werden formal zertifizierte Kompetenzen (Ausbildung, Abschlüsse) und nicht formal zertifizierte Kompetenzen (praktische Erfahrung) unterschieden [KOC01].
- **Methodenkompetenz**: Fähigkeit, Wissen, das in einer Situation erworben wurde, zu generalisieren und somit auf eine andere Situation zu übertragen. Im betrieblichen Alltag kann mit dieser Fähigkeit eine selbstständige Anpassung von Arbeitsmethoden an veränderte Arbeitsaufgaben und -bedingungen vorgenommen werden [BUL04].
- **Sozialkompetenz**: Fähigkeit, kommunikativ und kooperativ selbstorganisiert zu handeln, das heißt sich mit anderen kreativ auseinander- und zusammenzusetzen, sich gruppen- und beziehungsorientiert zu verhalten, um neue Pläne und Ziele zu entwickeln [BUL04].
- **Selbst-** beziehungsweise **Personalkompetenz**: Fähigkeit, in unterschiedlichen Lern- und Handlungskontexten die eigenen Kompetenzen situationsgerecht einzusetzen (Selbstwahrnehmung und -reflexion) und darüber hinaus die Kompetenz anderer betrieblicher Akteure in den gemeinsam zu gestaltenden Prozess zu integrieren (Organisationsfähigkeit, Führungsfähigkeit) [BER97, SON99, KOC01].

Die Ausführungen zum Kompetenzbegriff und dessen Unterteilung zeigen, dass sich die Fachkompetenzen für eine transparente Beschreibung und Bewertung des Mitarbeiters eignen. Gleichzeitig sind die Kompetenzfacetten sowie die darin enthaltenen Kompetenzen allgemein gehalten. Für die PEP sind die Kompetenzen hinsichtlich des Arbeitsplatzes und der durchzuführenden Prozesse von hoher Relevanz. Aus diesem Grund werden im Folgenden Ansätze zur Beschreibung des Mitarbeiters anhand der geforderten Kompetenzen des Arbeitsplatzes untersucht.

Ansätze zur Beschreibung des Mitarbeiters

MEHNERT beschreibt einen Ansatz zur Erhebung und Modellierung von Kompetenzen der Arbeitsplanung in hierarchielosen Produktionsnetzen von KMU [MEH04]. Dabei wird das Ziel verfolgt, die an der Arbeitsplanung beteiligten Mitarbeiter so zu modularisieren und in einzelne Kompetenzen zu zerlegen, dass funktionsorientierte Kompetenzzellen (KPZ) gebildet werden können. Mithilfe dieser Beschreibung werden KPZ mit der Arbeitsplanung für zukünftige Aufgaben beauftragt. Die Suchmerkmale umfassen beispielsweise die Erzeugung und Bewertung von Prozessvarianten sowie die Bildung eines Prozessplans. Der Ansatz fasst die Kompetenzen der planenden Mitarbeiter innerhalb des Netzwerks zusammen. Eine Betrachtung individueller Kompetenzen wird hingegen vernachlässigt.

HÄMMERLE zeigt ein Konzept zur werkstattorientierten Arbeitsplanung und kurzfristigen Fertigungssteuerung auf, in dem das Wissen der Produktionsmitarbeiter in einem rechnergestützten System hinterlegt und so in die Planung integriert wird [HÄM93]. Fokussiert wird das Wissen zur Arbeitsplanerstellung, NC-Programmierung und Vorrichtungsplanung. Dabei werden das Ausführungswissen aus Plänen und Programmen, Bedienungswissen von Maschinen und Terminals sowie Übungswissen durch Routinen beim Arbeitshandeln sowie implizites Erfahrungswissen unterschieden, welches nur durch eigenes, wiederholendes Handeln erworben werden kann. HÄMMERLE stellt einen Ansatz zur Rückführung von Prozesswissen in die Planung dar. Die Beschreibung individueller Kompetenzen der Produktionsmitarbeiter zur PEP wird nicht betrachtet.

Ein ähnliches Defizit weist das Assistenzsystem von GERKEN auf, mit dem eine Bewertung und Optimierung aktueller Fertigungsaufträge durch dokumentierte Prozesserfahrungen aus der Produktion ermöglicht wird [GER00]. Durch die Beurteilung von Fertigungsparametern, zum Beispiel Werkzeug- und Prozessparameterwahl, wird die Auswirkung auf das Produktionsergebnis bewertet.

Die Ansätze zeigen das Potenzial der Berücksichtigung und Aufbereitung der Kompetenzen der Produktionsmitarbeiter auf, indem die gesammelten Erfahrungen in die Planung zurückfließen. Der Rückfluss von Informationen stellt einen wichtigen Aspekt zur Optimierung der Fertigungsplanung dar [DEN10]. Die Nutzung der Kompetenzen zur Beschreibung des Einflusses auf die Produktionszielgrößen wird allerdings nicht betrachtet. Aus diesem Grund werden nachfolgend Ansätze dargestellt, die unabhängig von den Anforderungen des Arbeitsplatzes beziehungsweise der Arbeitsaufgabe eine Bewertung der Mitarbeiter und dessen Zusammenhang zu den Zielgrößen der Produktion fokussieren.

Ansätze zur Bewertung des Mitarbeiters

Zur Bewertung der erforderlichen Kompetenzen wird in der Literatur eine Vielzahl von Instrumenten genannt, die sich hinsichtlich Aufwand und Genauigkeit unterscheiden [HOS95, JUN99]. CHARLIN fasst diese zusammen und ordnet ihnen die Quelle der Kompetenzbewertung zu [CHA14]. Die Quellen der Kompetenzbewertung entscheiden über die Objektivität und den Zeitaufwand zur Datenerhebung. Eine Bewertung durch Selbst- oder Fremdeinschätzung, zum Beispiel durch Selbstbeurteilung, Interview, Fragebogen oder Beurteilung durch Vorgesetzte, Arbeitsprobe, ist mit einem geringen Aufwand, aber einer hohen Subjektivität verbunden [RAN00, MAN96, REB99, PAW05, ERP08]. Eine hohe Objektivität lässt sich durch eine Datenbasis erreichen. Liegt keine geeignete Datenbasis vor, ist diese zum Beispiel mittels Kompetenzreflektor, 360° Feedback Gespräch zu erzeugen, wodurch der Aufwand wiederum steigt [GIL05, RAU07]. Aufgrund dieses Spannungsfeldes wird die Frage nach dem geeigneten Instrument zur Kompetenzbewertung im Rahmen der empirischen Analyse in Kapitel 4.1 untersucht.

Neben dem Instrument ist die Wahl eines Maßstabs zur Bewertung erforderlich. DREYFUSS stellt ein Fünf-Stufen-Modell vor, mit dem die Kompetenz klassifiziert wird [DRE87, DRE04]. Zur Einordnung wird das Vorhandensein der erforderlichen Kompetenzen zur Ausführung der Aufgaben als gering (Stufe 1), teilweise (Stufe 2), in normalem (Stufe 3), in überdurchschnittlichem (Stufe 4) sowie in besonderem Umfang (Stufe 5) beschrieben. Der Deutsche Qualifikationsrahmen (DQR), der vom Bundesministerium für Bildung und Forschung erstellt wurde, bewertet das Niveau auf einer achtstufigen Skala [DQR09]. Das Niveau eins beschreibt einen unerfahrenen Mitarbeiter, während Niveau acht die Fähigkeit zur Durchführung und Planung von Forschungstätigkeiten einordnet. Um den Einfluss der Kompetenzen auf die Zielgrößen nach erfolgter Kompetenzbewertung zu bestimmen, werden relevante Ansätze aus der Produktionsplanung untersucht.

Ein Kennzahlensystem für die Bewertung der technologischen Leistungsfähigkeit der Fertigung im Werkzeug- und Formenbau wurde von BILSING aufgestellt [BIL07]. In diesem werden anhand der Anforderungen der Stakeholder eines Unternehmens, zum Beispiel Kunden, Kapitalgeber, die Ziele Flexibilität, Produktivität und Qualität abgleitet und als Bewertungsrahmen für den Technologieeinsatz herangezogen. Die Leistungsfähigkeit des eingesetzten Personals setzt sich zu gleichen Teilen aus Kompetenz und Motivation zusammen, wobei sich diese wiederum aus Qualifikation, Erfahrung, Leistungsbereitschaft und Zufriedenheit ergeben, vergleiche Bild 2.14.

Ein weiteres Kennzahlensystem zur Bewertung der Leistungsfähigkeit einer Fertigung wurde von GROTH veröffentlicht [GRO92]. Mit diesem werden die internen produktivitätsbestimmenden Faktoren in einer Fertigung erfasst und analysiert. GROTH teilt diese in die Obergruppen Personal, Organisation und Technik ein. Die

Leistungsfähigkeit des Personals wird zum Beispiel durch die Kennzahlen Qualifikations-, Weiterbildungs- und Mitarbeiterflexibilitätsgrad bestimmt. Der Qualifikationsgrad wird wiederum anhand der Einflussgrößen Schulausbildung, Alter, Aus- und Weiterbildungszeit sowie Berufserfahrung beschrieben.

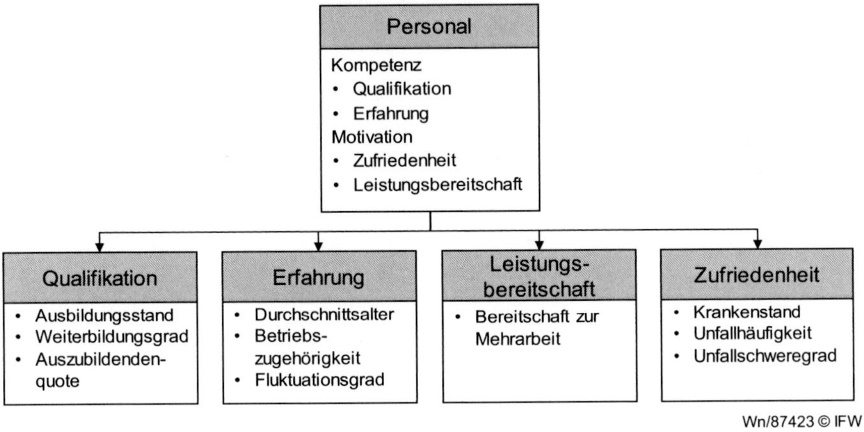

Bild 2.14: Leistungsfähigkeit der Produktionsressourcen [BIL07]

Die Arbeitsgemeinschaft für wirtschaftliche Fertigung (AWF) veröffentlichte einen Praxisleitfaden für Kennzahlen und Kennzahlensysteme zur ganzheitlichen Unternehmensführung und -steuerung [ENG04]. Hierin finden sich detaillierte Kennzahlen zur Bewertung der Produktion und der darin eingesetzten Mitarbeiter. Die Flexibilität der Mitarbeiter wird unter anderem anhand von Qualifikationsmatrizen, Sozialkompetenz sowie von Qualifizierungsbereitschaft und -fähigkeit beeinflusst.

Zwischenfazit: Zur Beschreibung des Mitarbeiters und dessen Einfluss auf die Zielgrößen ist die systematische Erfassung von Fachkompetenzen zwingend erforderlich. Die beschriebenen Ansätze zeigen Zielgrößen und Kennzahlensysteme auf, die eine Bewertung der Leistungsfähigkeit der Mitarbeiter ermöglichen. Dazu werden jedoch nicht die einzelnen Mitarbeiter mit ihren individuellen Kompetenzen, sondern Organisationseinheiten innerhalb der Produktion bewertet. Die Kompetenzen sind nicht nur kontextabhängig im Sinne der Arbeitsaufgabe, sondern ebenfalls im Vergleich zu den weiteren Mitarbeitern im Produktionssystem zu bewerten. Gleichzeitig zeigt die Analyse, dass es an individuellen, quantifizierbaren und transparenten Zusammenhängen mangelt. Zur Berücksichtigung des Einflusses und der Entwicklung des individuellen Mitarbeiters in der PEP werden im Folgenden Verfahren zur Beschreibung der Personalentwicklung dargestellt.

2.5 Verfahren zur Beschreibung der Personalentwicklung

Zur Integration der Personalentwicklung in die PEP ist der Prozess der Kompetenzentwicklung zu detaillieren, um eine zielgerichtete Personalentwicklung zu ermöglichen. Dazu wird zunächst die Kompetenzentwicklung definiert sowie das arbeitsintegrierte Lernen in diese eingeordnet.

Definition und Abgrenzung der Kompetenzentwicklung

Die berufliche Kompetenz ist kein gleichbleibendes, sondern ein dynamisches Konstrukt, das sich im betrieblichen Ablauf durch Lernprozesse verändern kann. Unter Lernen soll dabei *„eine relativ überdauernde Veränderung von Fähigkeiten und Fertigkeiten durch Erfahrung“* [WIE96] verstanden werden. Bei der Betrachtung von menschlichen Lernprozessen wird in dieser Arbeit das handlungsorientierte Lernen in den Vordergrund gestellt, da bei diesem das Handeln des Lernenden und somit das arbeitsintegrierte Lernen im Mittelpunkt steht [KOC01]. Das menschliche Handeln kann nach der Handlungsregulationstheorie als eine bewusste, zielgerichtete, rückgekoppelte und hierarchisch strukturierte Tätigkeit definiert werden [KOC01]. Im Rahmen der Handlungsregulationstheorie ist der Begriff des Handlungsspielraums von großer Bedeutung. Der individuelle Handlungsspielraum eines Menschen umfasst nach ULICH *„die Summe der Freiheitsgrade, das heißt der Möglichkeiten zum unterschiedlichen aufgabenbezogenen Handeln in Bezug auf Verfahrenswahl, Mitteleinsatz und zeitliche Organisation von Aufgabenbestandteilen“* [ULI05]. Ausgehend von diesen Annahmen lässt sich Kompetenzentwicklung als ein selbstverantworteter Lernprozess beschreiben, der von einem individuellen Kompetenzniveau, welches im Zusammenhang mit einer Arbeitsaufgabe und einem Handlungsspielraum zu sehen ist, zu einem anderen Kompetenzniveau führt, vergleiche Bild 2.15 [KOC01].

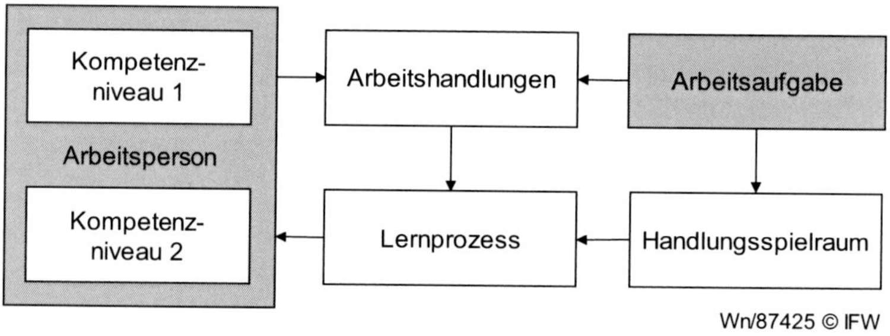

Bild 2.15: Ablauf der Kompetenzentwicklung [KOC01]

Es existiert eine Vielzahl von Verfahren, Methoden und Maßnahmen zur Personalentwicklung. In dieser Arbeit werden die Personalentwicklungsmaßnahmen verfolgt, die direkt am Arbeitsplatz erfolgen. Diese bieten den Vorteil, dass Theorie und Praxis unmittelbar miteinander verbunden sind und der Lerneffekt steigt. Der Mitarbeiter erhält so die Möglichkeit des handlungsorientierten, eigenaktiven Lernens, welches sich meist unbewusst durch die Auseinandersetzung mit den arbeitsplatzspezifischen Problemen entwickelt [SCH00].

Die arbeitsplatzgebundenen Entwicklungsmaßnahmen lassen sich anhand der Art der Aufgabenerweiterung und der Anzahl einbezogener Mitarbeiter unterscheiden, vergleiche Bild 2.16:

Aufgabenerweiterung	Individuell	Kollektiv
Horizontal bzw. quantitativ	Job enlargement	Job rotation Teilautonome Gruppen
Vertikal bzw. qualitativ	Job enrichment	

Wn/87426 © IFW

Bild 2.16: Einteilung der arbeitsplatzgebundenen Entwicklungsmaßnahmen [JUN11]

- **Job enlargement**: Ansatz, bei dem der Tätigkeitsumfang des Mitarbeiters mit strukturell ähnlichen Arbeitsaufgaben vergrößert wird [JUN11].
- **Job enrichment**: Strukturelle Änderung der Arbeitsinhalte, durch eine Zusammenfassung von dispositiv-planenden, ausführenden und kontrollierenden Arbeitsinhalten mit dem der Tätigkeitsspielraum ausgeweitet wird [OEC94].
- **Job rotation**: Systematischer Arbeitsplatztausch, um Erfahrungen und Kenntnisse der Mitarbeiter zu sichern und Lernprozesse zu ermöglichen. Dieser kann sowohl für strukturell ähnliche als auch für erweiterte Arbeitsinhalte erfolgen [JUN11].
- **Teilautonome Gruppen**: Funktionale Organisationseinheit, die konstant zusammenarbeitet und mit einem bestimmten Autonomiegrad ausgestattet ist. In den Gruppen werden die Arbeitsumfänge quantitativ und qualitativ erweitert, zudem finden Arbeitsplatzwechsel statt [ANT94].

Hauptvorteil gruppenorientierter Arbeitsformen gegenüber den individuellen Formen ist die soziale Interaktion innerhalb der Gruppe. Soziale Bindungen durch erhöhte Kommunikation und Zusammengehörigkeit wirken sich vorteilhaft auf die Kompetenzentwicklung aus [JUN11]. Ebenso können die anderen arbeitsplatzgebundenen Entwicklungsformen um eine Anleitung durch einen erfahrenen Mitarbeiter ergänzt werden. Neben fachlichen sind auch hier soziale Kompetenzen zu berücksichtigen, die den Effekt der Entwicklungsmaßnahme beeinflussen. Das Spektrum der Aktivitäten reicht dabei vom Zusehen, Zuhören und Anweisen bis zum systematischen Anleiten zu selbstständigem Arbeiten und Lernen [SCH00].

Nach erfolgter Definition und Einordnung der zu berücksichtigenden Art der Kompetenzentwicklung, werden im Folgenden die wesentlichen Ansätze zu deren Beschreibung vorgestellt. Um die Kompetenzentwicklung in die PEP zu integrieren, ist es notwendig, den Verlauf zu quantifizieren und zu prognostizieren.

Ansätze zur Beschreibung der Kompetenzentwicklung

BÖRSCH-SUPAN beschreibt die menschliche Leistungsfähigkeit in Abhängigkeit des Lebensalters, wobei er sie anhand von Erfahrungs- sowie physischer und kognitiver Leistung unterscheidet [BÖR06]. Einerseits lassen mit steigendem Alter die physischen und kognitiven Fähigkeiten nach, andererseits nimmt die Erfahrungsleistung zu. Ein entsprechendes Maximum und eine individuelle Streuung wird in Bild 2.17 schematisch dargestellt [BÖR06]. Dieser Ansatz zeigt, dass die Entwicklung sowohl zu einer abnehmenden als auch zunehmenden Leistungsveränderung führen kann. Da in dieser Arbeit wissensintensive Produktionssysteme im Vordergrund stehen, werden im Folgenden Methoden dargestellt, die die Entwicklung der kognitiven und Erfahrungsleistung beschreiben. Diese werden hinsichtlich einer Abnahme „Vergessen" als auch einer Zunahme der Kompetenz „Lernen" unterteilt.

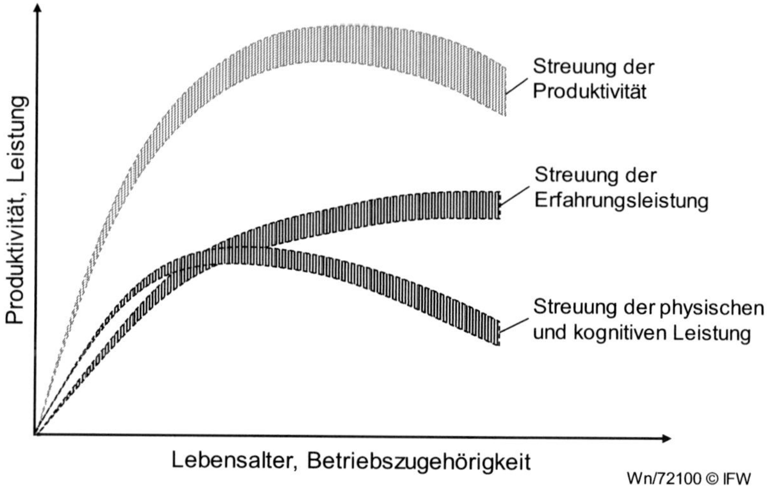

Bild 2.17: Schematische Entwicklung der menschlichen Leistungsfähigkeit [BÖR06]

EBBINGHAUS hat in einer Versuchsreihe Probanden verschiedene, nicht zusammenhängende Silben vorgelegt und zu verschiedenen Zeitpunkten zur Wiedergabe aufgefordert [EBB71]. Die so ermittelte Vergessenskurve legt dar, dass ein durchschnittlicher Proband bereits nach 20 Minuten über 40 % der zuvor gelernten Silben vergessen hat. Nach einem Monat werden etwa 20 % der gelernten Silben korrekt wiedergegeben. Es ist möglich den Anteil des behaltenen Wissens zu steigern, indem die Silben wiederholt werden [EBB71].

MICHEL und NOVAK haben Vergessensvorgänge für nicht zusammenhangslose Inhalte untersucht und zeigen, dass für Prosa, Gedichte und Prinzipien verschiedene Kurven auftreten. Für die Stichprobe nach einem Monat gilt bei Prosa, dass noch etwa 40 - 50 % des Erlernten korrekt wiedergegeben werden kann. Bei Gedichten liegt der Wert noch bei über 50 % und Prinzipien und Gesetzmäßigkeiten können nach einem Monat noch etwa 95 % richtig wiedergegeben werden. Vergessen ist somit, neben den persönlichen Faktoren, von der Sinnhaftigkeit des Erlernten abhängig [NOV90].

Zusätzlich zur Vergessenskurve finden sich in der Literatur Untersuchungen zu Lernkurven. Ziel der Lernkurventheorie ist ein anwendungsorientiertes Instrument zur

Ermittlung von konkreten Planungs- und Vorgabewerten [CON59]. Statt Daten aus der Kostenrechnung sind Zahlen und Soll-Ist-Vergleiche der Arbeitsvorbereitung heranzuziehen, wie Produktionsmenge pro Zeiteinheit oder Faktorverbrauch pro Produktionseinheit [HIE91]. Die Wahl der geeigneten Messgröße hängt dabei sowohl von der Aggregationsebene als auch von der Produktionsweise ab. Bei der Betrachtung einzelner Arbeitsprozesse sind Maschinen- und Arbeitszeiten zielführend, während auf einem höheren Aggregationsniveau ebenfalls mit Kosten gerechnet werden kann. Eine arbeits- beziehungsweise maschinenintensive Produktionsweise sollte Arbeits- beziehungsweise Maschinenstunden heranziehen wohingegen in einer verbrauchsintensiven Produktionsweise der Materialverbrauch maßgeblich die Produktivität beeinflusst [HIE91].

WRIGHT hat die erste Beschreibung einer Lernkurve in Form einer Potenzfunktion vorgenommen [WRI36]. Dabei beschreibt er die Ausführungszeit t_n in Abhängigkeit der Anzahl der Arbeitsausführungen n. Der Term t_1 steht für die erste Ausführungszeit. Der Parameter v beschreibt den Verlauf der Lernkurve und kann daher als Lerngeschwindigkeit interpretiert werden.

$$t_n = t_1 \cdot n^{-v} \tag{2.3}$$

DE JONG unterteilt in seinem Modell die Zeiten für die erste Ausführung einer Tätigkeit in zwei Teile: eine langfristig zu erreichende Ausführungszeit sowie ein Zuschlag [JON55]. Dieser Zuschlag stellt damit das Potenzial des Anlernvorgangs dar. Die Ausführungszeit beschreibt er wie folgt:

$$t_n = t_1 \cdot \left(M + \frac{1-M}{n^v}\right) \tag{2.4}$$

Der Parameter M steht dabei für die Unreduzierbarkeit der Ausführungszeit. Der Wert liegt zwischen null und eins. Für eine angenommene Unreduzierbarkeit von null entspricht das Modell nach DE JONG dem nach WRIGHT. Die Unreduzierbarkeit beschreibt somit die langfristig zu erreichenden Ausführungszeit, das heißt für $n = \infty$ vereinfacht sich die Gleichung zu:

$$t_\infty = t_1 \cdot M \tag{2.5}$$

LEVY hat fünf Jahre später ein weiteres Anlernmodell erstellt, das den Lernfortschritt begrenzt. Es soll den Lernvorgang an den Arbeitsvorgang adaptieren und wird deshalb auch Adaptionsmodell genannt. Der Grenzwert c ist im Adaptionsmodell eine Konstante und begrenzt den möglichen Lernfortschritt [LEV65].

$$t_n = c + (t_1 - c) \cdot e^{-v \cdot (n-1)} \tag{2.6}$$

ULLRICH hat die Lernkurven verglichen und für die Modellierung seiner Lernkurve vier Richtlinien aufgestellt [ULL95]:

- Teilung der Ausführungszeit in einen unreduzierbaren und einen durch Übung reduzierbaren Teil
- Asymptotischer Verlauf gegen einen festen Grenzwert
- Konstante Änderungsrate
- Berücksichtigung der Vorerfahrungen

Er erweiterte das Modell nach DE JONG um die bereits vorhandene Übung des Mitarbeiters in Form der bereits durchgeführten Ausführungen B [ULL95].

$$t_n = c + (t_1 - c) \cdot (n + B)^{-\nu} \tag{2.7}$$

DE GREIFF hat gezeigt, dass kurze Pausen nicht zum Vergessen führen, sondern vielmehr einen Erholungseffekt auf das Gedächtnis haben. Je länger die Pause andauert, desto schwächer ist der Effekt der Erholung ausgeprägt und desto stärker wird der Einfluss des Vergessens, bis langfristig nur noch die Vergessenskurve Einfluss hat [GRE01].

JESKE hat diese Modelle hinsichtlich ihrer Anwendbarkeit für das Anlernen von sensumotorischen Tätigkeiten empirisch untersucht und ein verfeinertes Modell aufgestellt [JES13]. Dieses berücksichtigt die individuelle Eignung und die Erfahrung des Werkers. Die Eignung wird dabei mittels verschiedener Voruntersuchungen zur Bestimmung der Sehschärfe, des räumlichen Vorstellungsvermögens sowie der motorischen Fähigkeiten ausgewertet. Anschließend ließ JESKE die Probanden eine Montageaufgabe durchführen. Dabei sollte ein Vergaser entsprechend eines vorgegebenen Arbeitsplans korrekt und vollständig zusammengesetzt werden. Dabei konnte er beobachten, dass mit jeder Wiederholung der Montageaufgaben ein signifikanter Anlerneffekt auftritt, vergleiche Bild 2.18.

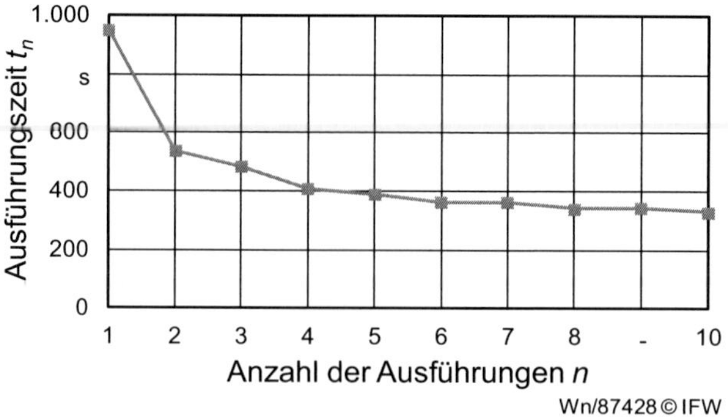

Bild 2.18: Empirische Lernkurve sensumotorischer Tätigkeiten [JES13]

Im Anschluss an die Versuche, hat JESKE die bereits bekannten Lernkurvenmodelle mit den Zeitdaten der Experimente verglichen und zu einem neuen Lernmodell kombiniert. Im Wesentlichen basiert dieses auf dem nach DE JONG mit zwei zusätzlichen Parametern. Damit wird erreicht, dass die Lerngeschwindigkeit mehr Einfluss auf das Ergebnis des Prognosemodells hat und damit die Güte des Modells gesteigert werden konnte. Gleichzeitig ist der Aufwand der Voruntersuchungen aufgrund der erforderlichen Zeit, entsprechend geschultem Personal und der nötigen Testumgebung hoch.

Zwischenfazit: Als Gemeinsamkeit der Ansätze lässt sich der Verlauf der Lernkurve in Form einer Potenzfunktion sowie die vier Richtlinien von ULLRICH festhalten. Zur Prognose sind die Änderungs- beziehungsweise die Lernrate, die Vorerfahrung und der Grenzwert der Reduzierbarkeit zu bestimmen. Diese Parameter sind je nach Individuum, Fertigungstyp und Branche zu variieren. Dadurch ergeben sich mögliche Streuungen der individuellen Lernkurven. Zudem sind die Effekte des Lernens und des Vergessens zu vereinen, um den Einfluss auf die Zielgrößen der Produktion zu quantifizieren.

2.6 Rechnergestützte Werkzeuge zur Entscheidungsunterstützung

Die bisherigen Ansätze haben gezeigt, dass die Quantifizierung und Beschreibung des Mitarbeitereinflusses und dessen Entwicklung mit einem hohen Aufwand verbunden sind. Gleichzeitig ist für eine praxistaugliche Verwendung der kompetenzorientierten FPS die Unterstützung rechnergestützter Werkzeuge notwendig. Daher werden in diesem Kapitel Methoden zur Entscheidungsfindung auf Basis von Daten in der Produktion dargestellt. Anschließend werden mit der Materialflusssimulation und den PPS-Systemen rechnergestützte Werkzeuge vorgestellt, in denen sich diese Zusammenhänge abbilden lassen.

Produktionsdaten zur Entscheidungsfindung

Der Einsatz von Methoden der Datenanalyse in der Fertigung birgt erhebliche Potenziale, die bisher nicht ausgeschöpft werden. Betriebs- und Maschinendaten enthalten dabei implizites Wissen über die Fertigung, welches für die PPS von hohem Nutzen sein kann. Während komplizierte Zusammenhänge über eine analytisch-systemtechnische Vorgehensweise beschrieben und über Kausalitäten verstanden werden können, sind komplexe Systeme in der Regel nicht analytisch bestimmbar. Für die Abbildung und Beschreibung der Eigenschaften des Mitarbeiters und seiner Auswirkungen auf die Zielgrößen ist es somit sinnvoll, nicht nur nach der Kausalität, sondern auch nach der Korrelation zu fragen. Dazu sind Muster und Zusammenhänge herzuleiten, ohne genaue Kenntnis der tatsächlichen Ursachen [STI15a].

In diesem Zusammenhang definiert SCHUH den Digitalen Schatten als das „hinreichend genaue Abbild der Prozesse in der Produktion, mit dem Zweck, eine echtzeitfähige Auswertungsbasis aller relevanten Daten“ [SCH16] zu schaffen. In Analogie zum Flugschreiber in der Luftfahrt stellt der digitale Schatten einen Produktionsschreiber dar, der Auskunft über den vergangenen und aktuellen Zustand gibt und somit für die Prognose zukünftiger Zustände genutzt werden kann. Der Begriff des Digitalen Schattens ist vom Begriff des Digitalen Zwillings zu unterscheiden. Während der Digitale Schatten den realen Produktionsprozess zunächst in die virtuelle Welt überführt, stellt der Digitale Zwilling darauf aufbauend das möglichst identische Abbild der Realität, zum Beispiel in Form eines Prozessmodells, dar [BAU16]. Zur Entscheidungsfindung kommt der Erfassung und Auswertung der anfallenden Daten in der Produktion eine zentrale Bedeutung zu, vergleiche Bild 2.19 [SCH16].

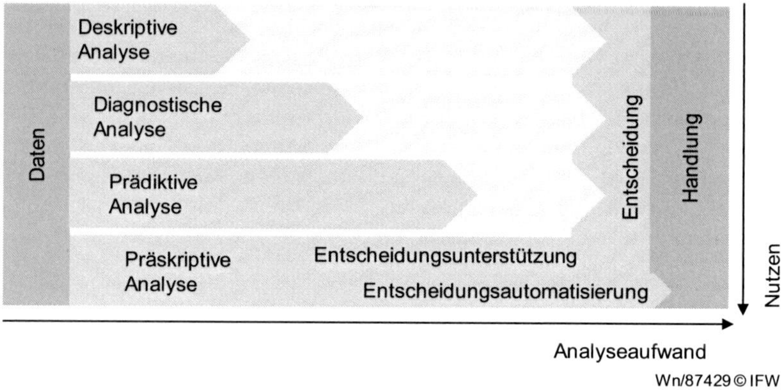

Bild 2.19: 4-Stufen-Modell zur Entscheidungsfindung in Anlehnung an [FAI13]

Die Möglichkeiten zur Analyse und die darauf basierende Entscheidungsfindung lassen sich in vier Stufen unterteilen [STI15b]:

- **Deskriptiv**: Was ist passiert? Bestimmung von Kennzahlen, um den Planungsverantwortlichen bei der Entscheidungsfindung zu unterstützen.
- **Diagnostisch**: Warum ist es passiert? Visualisierung der Daten zur Untersuchung von Ursachen und Interdependenzen.
- **Prädiktiv**: Was wird passieren? Mustererkennung und Statistik, um zukünftiges Verhalten und erwartete Auswirkungen vorauszusagen.
- **Präskriptiv**: Was sollte getan werden? Vorschlag oder Umsetzung von Handlungsmaßnahmen auf Basis von Optimierungsalgorithmen und Simulationsansätzen.

Aufgrund der Menge und der Komplexität der Daten ist eine manuelle Analyse in der Regel nicht effektiv und effizient möglich. In der Literatur werden Verfahren zur automatisierten Analyse von Daten unter dem Oberbegriff Knowledge Discovery in Databases (KDD) diskutiert [FAY96, EST00, BEI08, LIE13]. Im Gegensatz zum Begriff Data-Mining, der teilweise synonym verwendet wird, umfasst KDD als Gesamtprozess auch die Vorbereitung der Daten (Selektion, Aufbereitung, Transformation) sowie die Bewertung der gewonnenen Ergebnisse, vergleiche Bild 2.20 [EST00].

Im Rahmen der Selektion wird zunächst eine Teilmenge der Daten als Zieldaten gefiltert. Durch eine Datenaufbereitung werden anschließend Daten aus unterschiedlichen Quellen integriert, Inkonsistenzen beseitigt und gegebenenfalls fehlende Attributwerte ergänzt. Im nächsten Teilschritt erfolgt die Festlegung von Einfluss- und Zielattributen und die Transformation der Daten in eine geeignete Repräsentation.

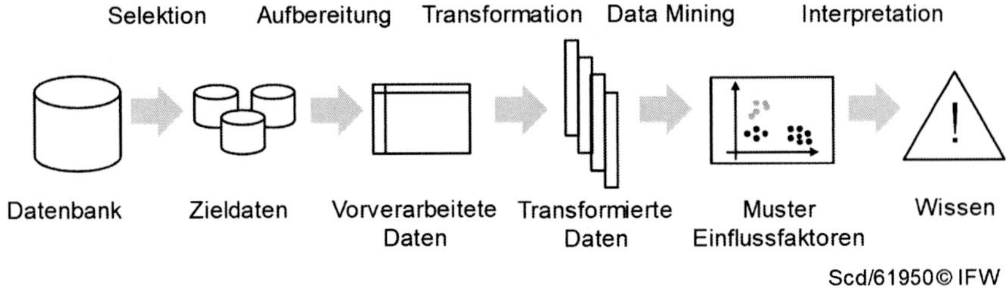

Bild 2.20: Modell des KDD-Prozesses [FAY96]

Als Data Mining wird die systematische Anwendung effizienter Algorithmen zur Entdeckung von Mustern und Einflussfaktoren in den vorliegenden Daten bezeichnet [EST00]. Im letzten Schritt erfolgt die Interpretation der gefundenen Muster entsprechend der Analyseziele. Die Methoden des Data Mining können anhand ihrer Aufgaben unterschieden werden [EST00, BEI08]:

- **Klassifikation**: Zuordnung von Objekten in Klassen anhand ihrer Attribute.
- **Clustering**: Finden von Gruppen ähnlicher Objekte.
- **Assoziationsregeln**: Finden von Zusammenhängen zwischen Objekten.
- **Sequenzanalyse**: Entdecken von Reihenfolgebeziehungen.
- **Generalisierung**: Zusammenfassung von Aussagen über Daten.

Im Bereich der Fertigung werden die Verfahren des KDD insbesondere dann verwendet, wenn analytische Modelle an ihre Grenzen stoßen [SCH15]. Aufgrund vielfältiger Einflussgrößen, zum Beispiel dynamische Einflüsse bei Fräsprozessen, weisen analytische Modelle häufig eine hohe Komplexität auf. Der für die Durchführung von Versuchsreihen und Einfahrprozessen notwendige Aufwand führt dazu, dass empirische Prozessmodelle bisher in erster Linie für die Serienfertigung eingesetzt werden. Im Rahmen des Data Mining werden strukturentdeckende Verfahren eingesetzt, um bisher unbekannte Zusammenhänge aus Daten ohne vorherige Hypothesenbildung mittels Mustererkennung zu erkennen [BAC00, MAT12]. Dies eröffnet insbesondere für die Einzel- und Kleinserienfertigung neue Möglichkeiten zur aufwandsarmen Wissensakquisition aus Fertigungsdaten [SCH15].

Materialflusssimulation

Nach der VDI-Richtlinie 3633 werden Personal abbildende Simulatoren als Werkzeug der Planung und weniger als Werkzeug der Steuerung eingesetzt. Obwohl das reale Verhalten des Personals nicht exakt prognostizierbar und abbildbar ist, lassen sich dennoch aussagefähige Bewertungen von Planungsalternativen mithilfe der Simulation vornehmen. Die personalintegrierte Simulation bildet Modelle von Produktionssystemen einschließlich des dort tätigen Personals anhand folgender Eigenschaften ab [VDI01]:

- Abbildbarkeit der Trennung von personellen und maschinellen Kapazitäten.
- Abbildbarkeit von Arbeitszeiten des Personals und Betriebszeiten der Betriebsmittel.
- Abbildbarkeit unterschiedlicher Personalqualifikationen.
- Abbildbarkeit von Formen der Zusammen- und Gruppenarbeit.

Im Vordergrund stehen Fragestellungen aus Produktion und Logistik, bei deren Beantwortung das Zusammenwirken zwischen Personal und Betriebsmitteln beachtet werden muss. Der Mitarbeiter wird in der personalintegrierten Simulation ohne eigene individuelle Entscheidungslogik abgebildet (reaktives Handlungsmodell).

Personalorientierte Simulationsmodelle besitzen in Erweiterung der personalintegrierten Simulationsmodelle einen höheren Detaillierungsgrad zur Lösung spezieller personalbezogener Fragestellungen. Im Vordergrund stehen die Analyse dynamischer und stochastischer Einflüsse bezüglich des Personals und deren Auswirkungen auf das Produktionsergebnis. Dies erfordert die Abbildung zusätzlicher Eigenschaften des Personals. Dabei kann es sich beispielsweise um das Lernen und Verlernen, die zeitliche Verfügbarkeit, die menschliche Zuverlässigkeit und die jeweilige Rückwirkung auf das Verhalten des Produktionssystems handeln. Mit dem höheren Detaillierungsgrad der personalorientierten Simulation ist auch ein höherer Datenerhebungs- und -eingabeaufwand verbunden.

Die erste Arbeit zur personalorientierten Simulation wurde von ZÜLCH veröffentlicht, die ein rechnergestütztes Verfahren beschreibt, in dem die Eignung eines Mitarbeiters für eine Arbeitsaufgabe anhand des Abgleichs zwischen Qualifikations- und Anforderungsprofilen beschrieben und mittels deterministischer Optimierungsverfahren berechnet wird [ZÜL79]. Aufbauend auf dieser Arbeit wurde eine Vielzahl weiterer Arbeiten am Institut für Arbeitswissenschaft und Betriebsorganisation des Karlsruher Instituts für Technologie (KIT) hinsichtlich personalorientierter Simulation veröffentlicht. Einen Überblick über den aktuellen Stand findet sich in [ZÜL10]. Die Entwicklung wird anhand der folgenden vier Ansätze diskutiert:

HEITZ hat einen simulationsbasierten Ansatz zur Planung von Personalstrukturen entwickelt [HEI94]. Mithilfe eines Kennzahlensystems und einer Heuristik (Sintflut-Algorithmus) werden personalbedingte Engpässe durch Qualifikationserweiterungen beziehungsweise -reduzierungen optimiert. Das entwickelte personalorientierte Simulationsverfahrens „ESPE“ (Engpassorientierte Simulation von Personalstrukturen) sucht und bewertet anhand der Kriterien Durchlaufzeit, Ausbringungsmenge sowie Personalauslastung und -kosten alternative Personalstrukturen. Die Kompetenzentwicklung sowie die individuellen Mitarbeiterauswirkungen auf die Zielgrößen werden nicht berücksichtigt.

HEEL entwickelte ein simulationsbasiertes Planungshilfsmittel zur systematischen Umplanung von Personalstrukturen sowie für die kurzfristige PEP in der Fertigung mithilfe eines flexiblen Prioritätsregelkatalogs [HEE99]. Dabei erfolgt die Umplanung und die Planung des kurzfristigen Personaleinsatzes durch die kombinierte Anwendung des Simulationsverfahrens „ESPE UP“ und eines entsprechenden Lösungsverfahrens (Sintflut-Algorithmus mit personenbezogenen Prioritätsregeln). Da der Fokus auf der kurzfristigen PEP liegt, wird die Entwicklung von Kompetenzen nicht berücksichtigt.

BOGUS untersucht die simulationsbasierte Gestaltung von Arbeitszeitmodellen in Dienstleistungsbetrieben mit kundenfrequenzabhängigem Arbeitszeitbedarf [BOG02]. Dazu werden die Effekte bestimmter Arbeitszeitsysteme bei variierenden Rahmenbedingungen, zum Beispiel einer veränderten Systembelastung, untersucht. Als Werkzeug zur Bewertung von Arbeitszeitmodellen dient das entwickelte objektorientierte Simulationsverfahren „OSim-GAM“. Am Beispiel eines Kfz-Teile-Vertriebs und eines Textilfachgeschäfts werden die Wirkungen hinsichtlich betriebswirtschaftlichen Kosten und Nutzen sowie der Mitarbeiterbelastung bestimmt. Eine individuelle Beschreibung des Mitarbeiters aufgrund der Kompetenzen wird nicht berücksichtigt.

ROTTINGER hat das Simulationsverfahren „ESPE“ um die Personalentwicklung ergänzt („ESPE PE“), indem er das Kennzahlensystem durch die Größen Personalentwicklungspotenzial sowie -kosten erweitert hat [ROT05]. Die wesentliche Erweiterung stellt die Integration des Technologiekalender-Konzepts nach WESTKÄMPER dar [WES86]. Durch diese werden die Personalentwicklung mit der Erzeugnis- und Fertigungstechnologieentwicklung über mehrere Entwicklungsphasen verknüpft. Die Personalentwicklung sowie deren Kosten werden als gegeben vorausgesetzt. Die Effekte einer arbeitsintegrierten Kompetenzentwicklung werden nicht betrachtet.

MAYRHOFER entwickelte einen Ansatz zur Glättung der Mitarbeiterauslastung in Montagelinien der Automobilindustrie [MAY11]. Dabei wird die Anzahl und Art der notwendigen Mitarbeiter mithilfe der Simulationstechnik bestimmt. Die Mitarbeiter werden anhand von Anforderungen hinsichtlich einzelner Montagetätigkeiten zugeordnet. Im Fall von Produktvarianten mit hohem Arbeitsaufkommen werden Springer zugeordnet, um die Taktzeit einzuhalten. Der Aufwand der Kompetenzentwicklung zur Ausbildung flexibel einsetzbarer Springer wird nicht betrachtet.

Die vorgestellten Arbeiten zeigen, dass innerhalb der personalorientierten Simulation Arbeitsplätze und Mitarbeiter in Verbindung gesetzt und die Auswirkungen auf die betriebliche Leistungserstellung bewertet werden können. Die Simulation eignet sich insbesondere zur Entscheidungsunterstützung für eine langfristige Planung des Personaleinsatzes, indem Planungsalternativen miteinander verglichen werden. Zudem ermöglicht sie die Abbildung dynamischer und stochastischer Einflüsse und deren Bewertung auf das Produktionsergebnis. Daher soll die Methode zur kompetenzorientierten Fertigungsplanung mithilfe der Simulation umgesetzt werden, um die Effekte der PEP und der resultierenden arbeitsintegrierten Kompetenzentwicklung zu bewerten. Die kompetenzorientierte Fertigungssteuerung ist dagegen kurzfristig orientiert, um mithilfe einer Prüfung der Verfügbarkeit notwendiger Kompetenzen die Entscheidung über die Freigabe konkreter Fertigungsaufträge zu unterstützen.

PPS-Systeme

Die operative Planung und Steuerung der Produktion erfolgt in der Praxis durch PPS-Systeme, die Funktionen der Material-, Zeit- und Kapazitätswirtschaft auf Basis von Stücklisten und Arbeitsplänen übernehmen [GEI97]. In den 60er Jahren wurde das Material Requirements Planning (MRP) für die Materialwirtschaft entwickelt. Dieses ermittelt die Sekundärbedarfe der Produktion durch Auflösung von Stücklisten. Die Weiterentwicklung zum Manufacturing Resource Planning (MRP II) übernimmt darüber hinaus die Terminierung von Fertigungsaufträgen und die Kapazitätsbelegung. Informationssysteme, die eine durchgängige Unterstützung der technischen und kaufmännischen Auftragsabwicklung verfolgen, werden als Enterprise Resource Planning (ERP) Systeme bezeichnet [SCH12]. Das MES übernimmt als Fertigungsmanagementsystem die grob terminierten Fertigungsaufträge aus dem ERP-System zur Feinplanung und -steuerung und meldet die Fertigstellung der Fertigungsaufträge anschließend zurück. Die Kommunikation zwischen MES und der Fertigung wird durch Systeme der Maschinendatenerfassung (MDE) und BDE unterstützt [SCH12].

Zur Strukturierung der MES-Aufgaben hat der VDI die Richtlinie 5600 veröffentlicht [VDI15]. In dieser sind unter anderem die in der betrieblichen Praxis eingesetzten Informationssysteme in Anlehnung an die Automatisierungspyramide den hierarchischen Ebenen des Produktionsunternehmens zugeordnet, vergleiche Bild 2.21.

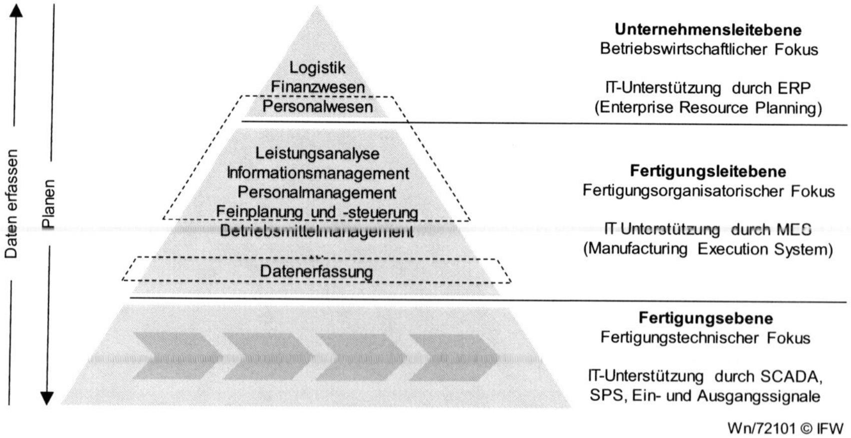

Bild 2.21: Informationstechnische Einordnung der Arbeit in Anlehnung an [VDI15]

Die Unternehmensleitebene umfasst die meist betriebswirtschaftlich ausgerichtete Planung, zum Beispiel Auftragsverwaltung, Bestellabwicklung, für das gesamte Produktionsunternehmen. Die Fertigungsleitebene verknüpft die Unternehmensebene mit der Fertigungsebene. In der Fertigungsebene werden die Prozessleit-, Steuerungs- und Feldebene vereint. Über Supervisory Control and Data Acquisition (SCADA) und Human Machine Interface (HMI) Systeme lassen sich die Fertigungsprozesse überwachen und steuern. Zur Steuerung und Regelung werden auf der Steuerungsebene häufig Speicherprogrammierbare Steuerungen (SPS) eingesetzt, während auf der Feldebene Module für Ein- und Ausgabesignale der Sensorik genutzt werden [VDI15].

Im Rahmen der kompetenzorientierten Fertigungssteuerung werden insbesondere die Funktionen auf der Fertigungsleitebene mit den angrenzenden Funktionen der Unternehmens- und Fertigungsebene miteinander verknüpft, vergleiche Bild 2.21. So werden über eine Schnittstelle zur Unternehmensebene die Auftragsverwaltung und das Personalwesen tangiert sowie von der Fertigungsebene Informationen zum Auftragsfortschritt und zur Prozessqualität aufgegriffen. Mithilfe dieser Verknüpfung wird auf die aktuelle Fertigungssituation reagiert und die operative PEP angepasst.

Die Pyramidendarstellung betont die verschiedenen Hierarchieebenen und die zunehmende Verteilung der Informationen auf die eingesetzten Systeme. Beispielsweise wird im Produktionsunternehmen ein ERP-System eingesetzt, jedoch mehr als ein Leitsystem, einige Steuerungen und tausende Ein- und Ausgangssignale. Während die Informationen der oberen Ebene als Planungsgrundlage der unteren Ebene dienen, werden die erfassten Daten der unteren Ebene wiederum auf der oberen Ebene genutzt. In der Produktionsumgebung wird so eine Vielzahl an Daten erzeugt. Von diesen wird allerdings nur ein kleiner Teil zur Weiterverarbeitung genutzt, da sie häufig nicht direkt zugänglich sind und nur über System- und Medientransformationsprozesse genutzt werden können. Aufgrund der fehlenden Integration und Vernetzung der verschiedenen Datenquellen erfolgt keine Auswertung der Daten und deren Zusammenhänge über die unterschiedlichen Datenquellen hinweg [BAU16].

KLETTI beschäftigt sich mit Maßnahmen zur Verbesserung der Personalproduktivität mit MES [KLE07]. Als wichtigste Maßnahmen zur Erhöhung der Personalproduktivität sieht er unter anderem eine verbesserte PEP. Dabei betont er den Bedarf und die Relevanz der Qualifizierung von Mitarbeitern. Innerhalb der PEP wird lediglich eine Plausibilitätsprüfung vorgeschlagen, in der die notwendige mit der vorhandenen Kompetenz abgeglichen wird [KLE07].

Das System HYDRA der MPDV Mikrolab GmbH aus Mosbach bietet hinsichtlich des Personals eine quantitative sowie qualitative Berücksichtigung an. So wird der Planer zum einen über den Personalbedarf nach Arbeitsaufkommen informiert und zum anderen bei der Zuordnung von Personal zu Arbeitsplätzen unterstützt [MPD14]. Die Zuordnung der Mitarbeiter auf Maschinen und Arbeitsplätze kann manuell oder automatisch erfolgen. Bei der automatischen Planung werden alle Personen unter Berücksichtigung der, in den Stammdaten festgelegten Kompetenzen und Verfügbarkeiten der Mitarbeiter auf die Arbeitsplätze verteilt. Die Einflüsse der Mitarbeiter auf die Produktionszielgrößen werden nicht berücksichtigt. Einen ähnlichen Funktionsumfang bieten die Systeme „gfos.MES“ der Gesellschaft für Organisationsberatung und Softwareentwicklung mbH (GFOS), die „ZEUS® Personaleinsatzplanung“ der ISGUS Unternehmensgruppe sowie das Modul „PROXIA PEP“ der PROXIA Software AG.

CHARLIN entwickelt eine rechnergestützte Methode, mit der unter Berücksichtigung von Fertigungsaufträgen und daraus resultierenden Prozessanforderungen eine mittelfristige Bewertung der PEP ermöglicht wird [CHA14]. Dazu werden die Mitarbeiter auf einer fünfstufigen Skala bewertet. Auf Basis der Kompetenzstufen werden den Mitarbeitern Effizienzgrade für die Prozessausführung auf Basis von Expertenschätzungen zugewiesen. Lerneffekte werden ebenfalls über eine Stufenfunktion auf Expertenbasis abgebildet, die die Kompetenzentwicklung anhand der zugewiesenen Prozesse prognostiziert. Aufgrund der Betrachtung eines Zeitraums von einem halben Jahr, wird die Kompetenzentwicklung und deren langfristige Auswirkungen auf die Produktion fokussiert. Stochastische Effekte, wie der Ausfall eines Mitarbeiters, oder dynamische Größen, wie die Auslastung der Fertigung, werden nicht betrachtet.

2.7 Eigene Voruntersuchungen und Fazit

Das Ziel der durchgeführten Voruntersuchungen bestand in der Überprüfung der Auswirkungen und des Potenzials der PEP. Zum einen wurde eine Werkstattfertigung zur spanenden Bearbeitung von Spannfuttern untersucht [DEN13b]. Zum anderen wurde eine Baustellenfertigung mit hohen manuellen Arbeitsanteilen zur Herstellung von Rotorblättern analysiert [DEN14]. Für beide Anwendungsfälle wurde der Einfluss der Mitarbeiterkompetenzen auf das Produktionsergebnis unter Verwendung der Simulationstechnik untersucht. Die arbeitsintegrierte Entwicklung der Mitarbeiter und die dadurch entstehenden Wechselwirkungen in der Produktion standen dabei nicht im Fokus. Stattdessen sollte das Potenzial unterschiedlicher Mitarbeiterkompetenzen sowie verschiedener Strategien der PEP quantifiziert werden. Innerhalb der betrachteten Werkstattfertigung erfolgte die PEP nach zwei Zuordnungsprinzipien:

- **Zeitorientierte PEP**: Zuordnung der Mitarbeiter in der Reihenfolge des absteigenden Kompetenzwerts.
- **Lernorientierte PEP**: Zuordnung der Mitarbeiter in der Reihenfolge des aufsteigenden Kompetenzwerts.

Der Vergleich der kurzfristigen Auswirkungen innerhalb der Werkstattfertigung zeigt, dass sowohl die Fertigungszeit als auch die Herstellungskosten unter Verwendung der lernorientierten PEP höher ausfallen. Der Einsatz der Mitarbeiter mit geringer Kompetenz führt zu längeren Bearbeitungszeiten und zu steigenden Maschinen- und Personalkosten, sodass die Herstellkosten um 24,34 % steigen. Für die Erreichung höherer Kompetenzanstiege und homogenerer Kompetenzverteilungen sind anfangs höhere Kosten und Fertigungszeiten zu erwarten, vergleiche Bild 2.22.

Zur Abschätzung des Potenzials einer breiten Kompetenzverteilung wurden die Auswirkungen der Technologiebeherrschung eines Mitarbeiters in Kooperation mit dem Rotorblatthersteller untersucht. Vor dem Hintergrund einer notwendigen Steigerung der Ausbringungsmenge sollte der Einsatz automatisierter Fertigungstechnologien bewertet werden. Da es sich bei dem betrachteten Produktionssystem um ein komplexes und verkettetes System handelt, verschieben sich die Engpässe zwischen und innerhalb der Fertigungsbereiche durch den Einsatz einer neuen Fertigungstechnologie aufgrund der Prozesszeit und notwendigen Mitarbeiterzahl. Daher wurde für jede Technologiekombination ein optimiertes Mitarbeiterkonzept (Anzahl Mitarbeiter je Einsatzbereich bei gleicher Belegschaftsgröße) identifiziert. Im Vergleich dazu wurde das Potenzial universell einsetzbarer Mitarbeiter (alle Mitarbeiter können in jedem Bereich eingesetzt werden) bestimmt.

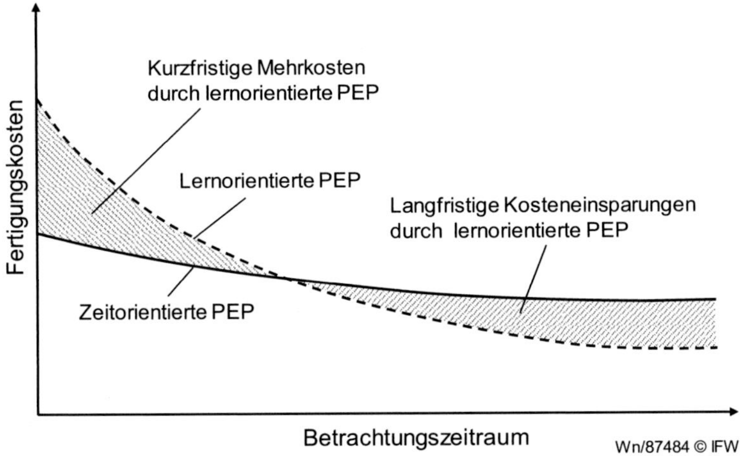

Bild 2.22: Entwicklung der Fertigungskosten in Abhängigkeit der Einsatzstrategie

Das Ergebnis der Anwendung verdeutlicht, dass der Mitarbeiter einen entscheidenden Einfluss auf die Ausbringungsmenge hat. Neben der optimierten Anzahl der Mitarbeiter je Bereich (Steigerung des Outputs um 17,74 %) ist die Möglichkeit, die Mitarbeiter in verschiedenen Bereichen einzusetzen, ein signifikantes Potenzial zur Steigerung der Produktivität (Steigerung des Outputs um 34,95 %). Die notwendigen Weiterbildungskosten, zur Erreichung dieser Mitarbeiterflexibilität wurden jedoch nicht quantifiziert. Die Vorstudie zeigt das Potenzial der Kompetenzentwicklung. Gleichzeitig fehlt die Betrachtung des Aufwands und der Wechselwirkungen durch eine arbeitsintegrierte Entwicklung des Mitarbeiters. In der Folge reichen die Ergebnisse der Vorstudie nicht aus, um eine Entscheidung über die Vorteilhaftigkeit einer Personaleinsatzstrategie treffen beziehungsweise den Schnittpunkt in Bild 2.22 bestimmen zu können.

Fazit

Die PEP stellt in produzierenden Unternehmen das Bindeglied der Personal- und Fertigungsplanung dar. Diese hat einen maßgeblichen Einfluss auf die Entwicklung der Mitarbeiterkompetenz. In wissensintensiven Produktionssystemen führt dies zu einem maßgeblichen Einfluss auf die Flexibilität und Produktivität der Produktion. Trotzdem werden die Mitarbeiterkompetenz und PPS in der betrieblichen Praxis weitgehend getrennt voneinander betrachtet.

Zusammenfassend kann festgestellt werden, dass bisherige Ansätze keine praktikable Lösung zur Integration der Mitarbeiterkompetenz in die PPS bieten. Insbesondere wird die systematische Berücksichtigung des Kompetenzeinflusses auf die Zielgrößen der Produktion, zum Beispiel Kosten, Zeit, Qualität, Flexibilität, und deren Entwicklung durch arbeitsintegriertes Lernen nicht verfolgt. Gleichzeitig thematisiert kein Ansatz die Verknüpfung zu PPS-Systemen zur Beurteilung der aktuellen Fertigungssituation und situativen Anpassung der PEP. Zuletzt ist die praktische Relevanz der Verfahren zur Herleitung des Mitarbeitereinflusses und dessen Entwicklung aufgrund des Aufwands der Datenerhebung und -pflege unzureichend. Eine kompetenzorientierte Fertigungsplanung und -steuerung, die operativ die wirtschaftliche Herstellung von Produkten bei einer gleichzeitig zielgerichteten Kompetenzentwicklung zur Erhöhung der Flexibilität und Reaktionsfähigkeit sicherstellt, ist folglich nicht verfügbar.

Vielversprechende Ansätze liefern Werkzeuge zur rechnergestützten Endscheidungsunterstützung. Es wurde herausgearbeitet, dass die personalorientierte Simulation als dynamisches Planungsinstrument sehr gut geeignet ist. Diese Methodik erlaubt, die dynamischen Auswirkungen der Mitarbeiterkompetenz durch dessen Entwicklung auf Produktionssysteme für einen langfristigen Betrachtungszeitraum realitätsgetreu abzubilden. Darüber hinaus konnte das Potenzial einer situativen PEP durch die Verknüpfung mit einem ERP, MES und BDE zur kompetenzorientierten Fertigungssteuerung dargestellt werden.

Aus diesem Grund soll eine Methode zur Auswertung der Daten aus der BDE entwickelt werden, um den Mitarbeitereinfluss auf die Zielgrößen und dessen Entwicklung möglichst aufwandsarm und mit einer hohen Genauigkeit herzuleiten. Die Hinterlegung von Auswertungsroutinen der Betriebsdaten im MES bietet darüber hinaus die Möglichkeit, die Zusammenhänge laufend zu überprüfen und dynamisch anzupassen. Mit einer größeren Basis von Historiendaten lässt sich die Prognosegüte stetig steigern.

In den durchgeführten Voruntersuchungen wurde das Potenzial einer gesteigerten Mitarbeiterflexibilität belegt. Die Kosten zur Erreichung der gesteigerten Mitarbeiterflexibilität wurden hingegen nicht betrachtet. Zur Bestimmung des optimalen Kosten-Nutzen-Verhältnisses sind daher die Mitarbeiterkompetenz, deren Einfluss auf die Produktionszielgrößen sowie die Lern- und Vergessensvorgänge in die FPS zu integrieren. In der Folge können die Auswirkungen der PEP prognostiziert und der optimale Personaleinsatzplan bestimmt werden.

3 Zielsetzung und Vorgehensweise

Das Ziel dieser Arbeit ist die Bereitstellung einer Methodik zur kompetenzorientierten Fertigungsplanung und -steuerung. Die Methodik soll es ermöglichen, den Einfluss und die Entwicklung von Mitarbeiterkompetenzen in der Fertigung abzubilden und bei der Planung und Steuerung zu berücksichtigen. Hierdurch soll eine flexible, reaktionsfähige und wirtschaftliche Fertigung sichergestellt werden.

Ausgehend von den im Stand des Wissens identifizierten Defiziten bestehender wissenschaftlicher Ansätze werden zum Erreichen des Hauptziels folgende drei Teilziele verfolgt:

Bereitstellung von Koordinationsansätzen

Zur Koordination des Mitarbeitereinsatzes sollen zwei verschiedene Ansätze entwickelt werden, die entsprechend des Betrachtungshorizonts (kompetenzorientierte Fertigungsplanung: langfristig; kompetenzorientierte Fertigungssteuerung: kurzfristig) angewendet oder miteinander kombiniert werden können. Diese Ansätze legen die zu betrachtenden Eingangs-, Stell-, Stör- und Ausgangsgrößen fest.

- **Kompetenzorientierte Fertigungsplanung:**
  Gegenstand dieses Ansatzes ist es, eine Grundlage zur monetären Bewertung langfristiger Personaleinsatzpläne bereitzustellen. Der Personaleinsatzplan legt dabei fest, welche Arbeitsaufgaben von welchen Mitarbeitern (Stellgrößen) innerhalb des Betrachtungszeitraums ausgeführt werden. Zur Bewertung ist es erforderlich, den Mitarbeitereinfluss auf die Ausführungszeit abzubilden sowie aufgrund von Lernen und Vergessen (Eingangsgrößen) innerhalb des Betrachtungszeitraums anzupassen. So lassen sich die Auswirkungen der PEP auf die Produktivität und Flexibilität durch die dynamische Ermittlung der Fertigungskosten (Ausgangsgrößen) erfassen. Zur Absicherung der Ergebnisse sind getroffene Annahmen für den Betrachtungszeitraum, wie die Verfügbarkeit der Mitarbeiter oder die zu fertigende Stückzahl (Störgrößen), zu variieren und zu untersuchen.
- **Kompetenzorientierte Fertigungssteuerung:**
  Bei der PEP sind für einen kurzfristigen Betrachtungszeitraum zusätzlich operative Zielgrößen, wie die termingerechte Fertigstellung mit gegebenen Ressourcen (Ausgangsgrößen) konkreter Fertigungsaufträge (Eingangsgrößen), zu beachten. Dieser Ansatz bietet daher eine Grundlage, um zu bewerten, inwiefern eine kurzfristige Anpassung der PEP eine Verbesserung der Zielerreichung bewirken kann. So lässt sich eine lernorientierte PEP bei drohenden Terminverzögerungen auf eine zeitorientierte PEP (Stellgrößen) umstellen. Dazu ist die aktuelle Fertigungssituation (Störgröße) zu variieren und deren Auswirkung zu bewerten.

Rechnergestützte Entscheidungsunterstützung und vertikale Integration

Zur praxistauglichen Verwertung der Ansätze ist eine Überführung in rechnergestützte Systeme und deren Verknüpfung mit bestehenden Systemlösungen produzierender Unternehmen notwendig.

- **Kompetenzorientierte Fertigungsplanung:**
  Zur Untersuchung der langfristigen und dynamischen Auswirkungen der Kompetenzentwicklung inklusive der stochastischen Störgrößen soll der Ansatz in eine ereignisorientierte Simulationsumgebung umgesetzt werden. Durch Abbildung der Fertigungsstrukturen und -abläufe, des Mitarbeitereinflusses sowie der Lern- und Vergessensvorgänge soll das zukünftige dynamische Verhalten des Realsystems für einen langfristigen Betrachtungszeitraum, zum Beispiel mehrere Monate, prognostiziert werden. Durch gezielte Variation relevanter Stellgrößen der PEP, zum Beispiel durch Arbeitsplatzwechsel, können für unterschiedliche Planungsszenarien die Auswirkungen auf das Realsystem vorab bewertet und dadurch eine Kostenoptimierung bei einer zeitgleich hohen Planungsgüte erzielt werden.
- **Kompetenzorientierte Fertigungssteuerung:**
  Zur Beurteilung der Fertigungssituation und einer entsprechenden kurzfristigen Anpassung der PEP sind Informationen zu aktuellen Fertigungsaufträgen und deren Prozessfortschritt aus dem laufenden Betrieb notwendig. Die aktuellen Fertigungsaufträge und deren Soll-Größen sind Vorgaben aus dem ERP. Um eine akzeptable Reaktionsfähigkeit der kompetenzorientierten Fertigungssteuerung zu realisieren, ist eine Verknüpfung zu einem MES erforderlich. Dieses ist neben dem ERP mit einer BDE zu verknüpfen, die die Prozessfortschritte beobachtet und eine Beurteilung der Fertigungssituation ermöglicht.

Analyse der Wechselwirkungen, Potenziale und Grenzen der Methoden

Zur Validierung und Evaluierung der Wechselwirkungen von Mitarbeiterkompetenz und FPS ist es erforderlich, die Methoden im industriellen Umfeld umzusetzen und für praxisnahe Fragestellungen anzuwenden. Dadurch sollen einerseits die langfristigen Auswirkungen als auch das Potenzial der kurzfristigen Anpassung der PEP in wissensintensiven Produktionssystemen abgeleitet werden. Diese Erkenntnisse gilt es, für alternative Ausprägungen von Produktionssystemen zu verallgemeinern und Grenzen der Methoden aufzuzeigen.

Zur Erreichung der beschriebenen Teilziele ist in Bild 3.1 die methodische Vorgehensweise dargestellt, die sich an der handlungsorientierten Wissenschaftskonzeption nach ULRICH und HILL [ULR76] orientiert. Demnach lassen sich die Forschungsaktivitäten nach der terminologisch-deskriptiven, analytisch-deduktiven und empirisch-induktiven Aufgabenstellung zuordnen.

In **Kapitel 2** wurde bereits die begriffliche und thematische Einordnung der Methoden vorgenommen und die für diese Arbeit relevanten Ansätze diskutiert (terminologischdeskriptiv). Daraus wurde der Handlungsbedarf abgeleitet und zur Formulierung der Zielsetzung und Vorgehensweise in **Kapitel 3** herangezogen.

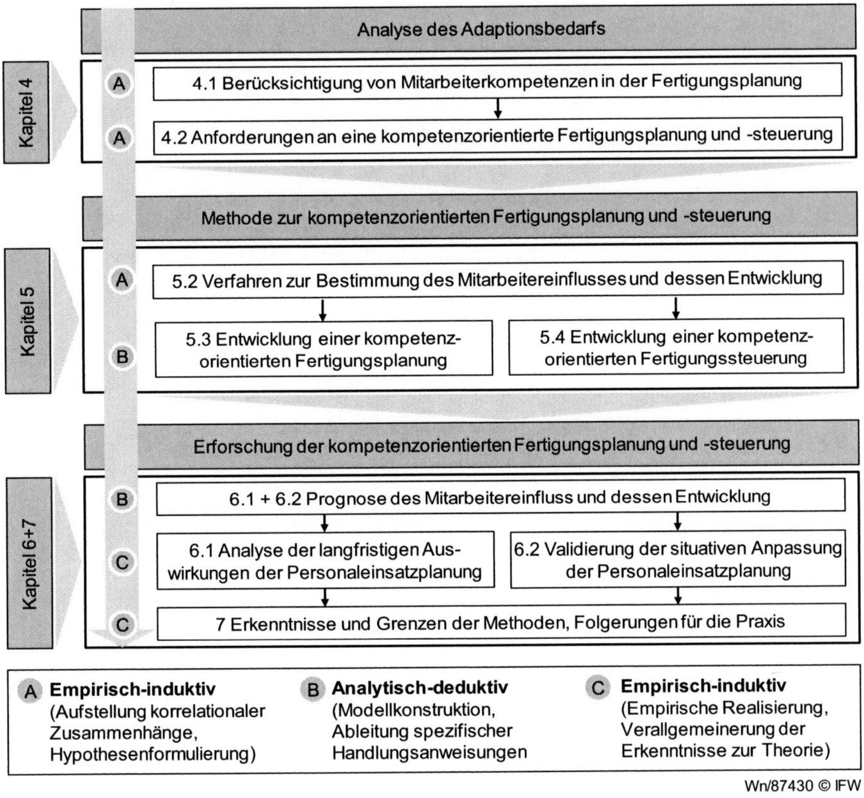

Bild 3.1: Aufbau der wissenschaftlichen Arbeit

In **Kapitel 4** werden zunächst die aktuelle Berücksichtigung von Mitarbeiterkompetenzen sowie deren Potenziale und Hemmnisse anhand einer empirischen Studie diskutiert. Anschließend werden die resultierenden Anforderungen an eine kompetenzorientierte FPS zur Sicherstellung der praktischen Relevanz abgeleitet.

In **Kapitel 5** werden die notwendigen Voruntersuchungen zur Entwicklung der Koordinationsansätze dargestellt. Einerseits wird das Fertigungssystem, zum Beispiel Arbeitsplätze, -vorgänge, in Form von produkt- und prozessspezifischen Kompetenzanforderungen beschrieben. Andererseits wird der Mitarbeitereinfluss auf die Zielgrößen, zum Beispiel Fertigungszeit, -qualität, sowie dessen Entwicklung auf Basis von Betriebsdaten aus der Fertigung statistisch untersucht und prognostiziert. Zudem werden die Koordinationsansätze zur kompetenzorientierten FPS anhand der Eingangs-, Stell-, Stör- und Ausgangsgrößen entwickelt.

In **Kapitel 6** werden die Koordinationsansätze jeweils in einem Demonstrator realisiert. Während die Implementierung der langfristigen kompetenzorientierten Fertigungsplanung in einer ereignisorientierten Simulationsumgebung erfolgt, wird die kurzfristige kompetenzorientierte Fertigungssteuerung für eine bestehende MES-Lösung mit integrierter ERP- und BDE-Anbindung prototypisch umgesetzt. Basierend auf der prototypischen Realisierung schließt sich durch die Verwendung in realen Einsatzszenarien eine Erforschung beider Koordinationsansätze an. Zur Erforschung der langfristigen Auswirkungen der PEP wird das ereignisorientiertes Simulationsmodell an die Fertigungsstrukturen und -abläufe des Anwendungsszenarios angepasst sowie der Einfluss und die Entwicklung des Mitarbeiters unternehmensspezifisch parametriert. Das Potenzial einer kurzfristigen Adaption der PEP wird durch die vertikale Integration des MES-Prototypens mit Systemen zur BDE und ERP bei einem anderen Anwendungspartner validiert.

In **Kapitel 7** werden die Ergebnisse für unterschiedliche Bereiche eines produzierenden Unternehmens sowie für Hersteller von Softwarelösungen verallgemeinert, um Einsatzmöglichkeiten und Grenzen der Ansätze aufzuzeigen.

4 Analyse des Adaptionsbedarfs

Zur Analyse des Adaptionsbedarfs aus der Praxis wird eine empirische Analyse durchgeführt (Kapitel 4.1). Auf Basis dieser Untersuchung werden der Bedarf und die Anforderungen an eine kompetenzorientierte FPS abgeleitet (Kapitel 4.2).

4.1 Empirische Analyse der Kompetenzberücksichtigung in der Fertigung

Um die spätere Zielgruppe der zu entwickelnden Methode zu erreichen, wurde eine Kooperation mit einem Hersteller von Softwarelösungen für die Produktion eingegangen. Das angebotene Softwarepaket besteht aus Lösungen für die Auftragsabwicklung, Fertigungsfeinplanung, BDE und von Schnittstellenproblemen. Aus der empirischen Analyse soll zuerst die momentane Berücksichtigung und Relevanz von Mitarbeiterkompetenzen in der Planung bestimmt werden. Sofern Kompetenzen in einem Unternehmen systematisch erfasst werden, soll erfragt werden, welche Kompetenzen erhoben und welche Instrumente zu deren Bewertung eingesetzt werden. Falls Kompetenzen nicht berücksichtigt werden, sind die Gründe für deren Missachtung interessant. So können schon vor der Konzeption der kompetenzorientierten Planungsmethode mögliche Probleme berücksichtigt werden. Zur Erhöhung der Praxisrelevanz sind Kriterien, wie das Verhältnis von Aufwand zu Nutzen, und mögliche Potenziale der Methode zu klären. Zudem werden allgemeine Angaben erfragt, die weitere Auswertungsunterscheidungen ermöglichen. So werden unter anderem die Frage nach der Unternehmensgröße und Branche gestellt. Anhand dieser Daten sollen weitere Einflussgrößen ermittelt werden, die die Meinung zur kompetenzorientierten Planung beeinträchtigen.

<u>Teilnehmer der Studie</u>

Im Rahmen der Studie wurden mittels einer Online-Umfrage 43 produzierende Unternehmen befragt, die Planungssysteme verschiedener Lösungsanbieter in der Fertigung verwenden [DEN13a]. Dabei handelt es sich fast ausschließlich um KMU, wobei 70 % eine Unternehmensgröße von weniger als 50 Mitarbeitern aufweisen. Der große Anteil an Kleinunternehmen entspricht dabei der Zielgruppe des Kooperationspartners, der Softwarelösungen für Unternehmensgrößen ab fünf Mitarbeiter anbietet. Die Studienteilnehmer sind circa zur Hälfte im Maschinen- und Anlagenbau tätig, während sich knapp 30 % auf den Werkzeug- und Formenbau konzentriert.

<u>Aktuelle Berücksichtigung von Mitarbeiterkompetenzen</u>

Zu Beginn wurde der Funktionsumfang, der in den Planungssystemen abgebildeten Fertigungsressourcen, untersucht. Dies ergab, dass sich die Unternehmen für die Ressourcen Material, Anlagen, Maschinen, Werkzeuge, Vorrichtungen und Personal insgesamt mehr Funktionalitäten wünschen, siehe links in Bild 4.1. Laut Umfrage bietet die Verbesserung der Ressource Personal die größten Optimierungspotenziale. Konkrete Verbesserungspotenziale werden in der Auswertungsmöglichkeit der erfassten Daten sowie im Rahmen der Personalzeiterfassung zur Berücksichtigung von Urlaub und Krankheit der Mitarbeiter gesehen. Hinsichtlich der PEP fordern die Anwender weitere Funktionen, wie die Kalkulation der notwendigen Personalkapazität und bessere Zuordnungsmöglichkeiten der Mitarbeiter zu den Arbeitsplätzen.

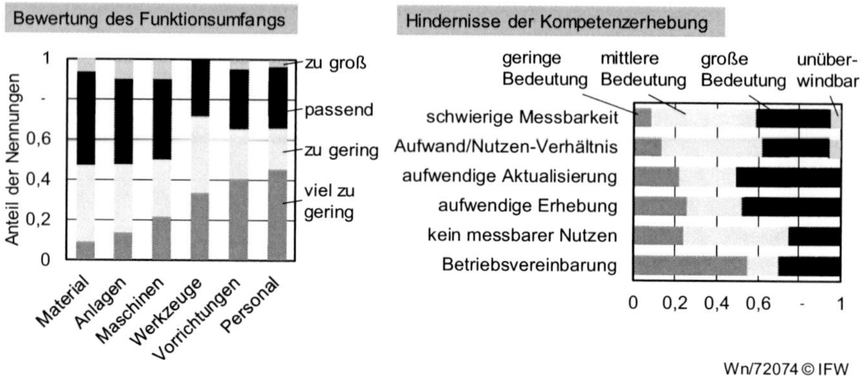

Bild 4.1: Aktueller Funktionsumfang und Hindernisse der Kompetenzerhebung

Bei der Frage der aktuellen Relevanz und Hindernisse einer Kompetenzerhebung im Produktionsbereich ergab sich, dass nur jedes dritte Unternehmen eine systematische Erhebung und Nutzung von Mitarbeiterkompetenzen in Form einer Qualifikationsmatrix durchführt. Zwei von drei Unternehmen nutzen keine Hilfsmittel bei der Mitarbeiterzuordnung, wobei jedes achte Unternehmen auf eine Berücksichtigung der Kompetenzen der Mitarbeiter ganz verzichtet. Somit nutzen circa 50 % der Befragten informelles Wissen der ausführenden Planer für eine erfahrungsbasierte PEP in der Produktion. Die Gründe für die geringe Verbreitung der systematischen Dokumentation und Berücksichtigung von Kompetenzen in Form von Qualifikationsmatrizen werden insbesondere in der schwierigen Messbarkeit und dem schlechten Aufwand/Nutzen-Verhältnis gesehen, siehe rechts in Bild 4.1. Circa 5 % der Unternehmen sehen diese Probleme sogar als unüberwindbar an. Das schlechte Aufwand/Nutzen-Verhältnis kann dabei anhand der Gründe „aufwendige Aktualisierung und Erhebung“ der Daten sowie „kein messbarer Nutzen“ unterteilt werden.

Rechtliche Analyse der Kompetenzerhebung und Betriebsdatenerfassung

Im Folgenden werden die Hemmnisse der Kompetenzerhebung und Betriebsdatenerfassung aus der rechtlichen Perspektive betrachtet. Hierzu werden sowohl die relevanten Gesetze als auch die Ergebnisse aus separaten Interviews mit dem Kooperationspartner und produzierenden Unternehmen herangezogen.

Die EU-Datenschutzrichtlinie regelt in Artikel 20 die Vorabkontrolle für die Verarbeitung von Daten, die spezifische Risiken für die Rechte und Freiheiten der Personen beinhalten können und verpflichtet die Mitgliedsstaaten zur Prüfung dieser Verarbeitungen vor ihrem Beginn. Im Bundesdatenschutzgesetz (BDSG) werden die Regelungen aus Artikel 20 mit § 4d Absatz 5 und 6 in Deutschland umgesetzt [BDS16]:

„Soweit automatisierte Verarbeitungen besondere Risiken für die Rechte und Freiheiten der Betroffenen aufweisen, unterliegen sie der Prüfung vor Beginn der Verarbeitung (Vorabkontrolle). Eine Vorabkontrolle ist insbesondere durchzuführen, wenn (...) die Verarbeitung personenbezogener Daten dazu bestimmt ist, die Persönlichkeit des Betroffenen zu bewerten einschließlich seiner Fähigkeiten, seiner Leistung oder seines Verhaltens, es sei denn, dass eine gesetzliche Verpflichtung oder eine Einwilligung des Betroffenen vorliegt oder die Erhebung, Verarbeitung oder Nutzung für die Begründung, Durchführung oder Beendigung eines rechtsgeschäftlichen oder rechtsgeschäftsähnlichen Schuldverhältnisses mit dem Betroffenen erforderlich ist."

Zuständig für die Vorabkontrolle ist nach § 4d Abs. 6 Satz 1 der Beauftragte für den Datenschutz. Im Sinne des § 80 Absatz 1 des Betriebsverfassungsgesetztes (BetrVG) hat der Betriebsrat seine Einhaltung zu überwachen [BEV16a]. Gemäß § 87 Abs. 1 Satz 6 besteht zudem ein Mitbestimmungsrecht des Betriebsrats bei der Einführung einer BDE. In diesem Gesetz ist die „Einführung und Anwendung von technischen Einrichtungen, die dazu bestimmt sind, das Verhalten oder die Leistung der Arbeitnehmer zu überwachen" [BEV16b] als mitbestimmungspflichtig geregelt.

Darüber hinaus sind Kompetenzmatrizen, unabhängig ihrer Informationsgrundlage, unter dem Aspekt Datenschutz problematisch, da für deren Erstellung personenbezogene Daten von Beschäftigten erhoben, verarbeitet und genutzt werden. Gemäß BDSG ist dies nur zulässig, wenn entweder der Betroffene freiwillig und auf einen bestimmten Zweck bezogen einwilligt. Als Rechtsgrundlage verbleibt somit nur eine Betriebsvereinbarung, die zwischen Arbeitgeber und -nehmer geschlossen wird. Zu diesem Ergebnis führen ebenfalls die Interviews in den produzierenden Unternehmen. Zur rechtlichen Absicherung werden dort ebenfalls Betriebsvereinbarungen vor der Einführung eines BDE-Systems aufgesetzt. In § 28 Abs. 1 BDSG ist die Zweckbindung als zentrales Prinzip des Datenschutzes festgeschrieben, sodass die Definition des ausschließlichen Verwendungszwecks ein wesentlicher Bestandteil der Betriebsvereinbarung ist. Neben diesem sind unter anderem der Umfang und Zugriff sowie Prüfungsrechte festzulegen.

Unternehmensspezifische Randbedingungen

Die Beurteilung des Aufwands/Nutzen-Verhältnisses einer Kompetenzberücksichtigung muss differenziert betrachtet werden. Neben der Unternehmensgröße macht der Organisationstyp einer Fertigung den Unterschied darüber aus, ob der Einsatz einer kompetenzorientierten PEP als wirtschaftlich eingeschätzt wird, siehe Bild 4.2. So sehen Unternehmen mit einer Größe von mehr als 50 Beschäftigten insgesamt einen höheren Nutzen als Aufwand, wobei jedes zweite befragte Unternehmen den Einsatz einer kompetenzorientierten PEP für eine Werkstattfertigung und für flexible Fertigungssysteme empfiehlt. Bei einem Vorliegen von Fertigungsinseln sieht jeder Dritte ein profitables Verhältnis.

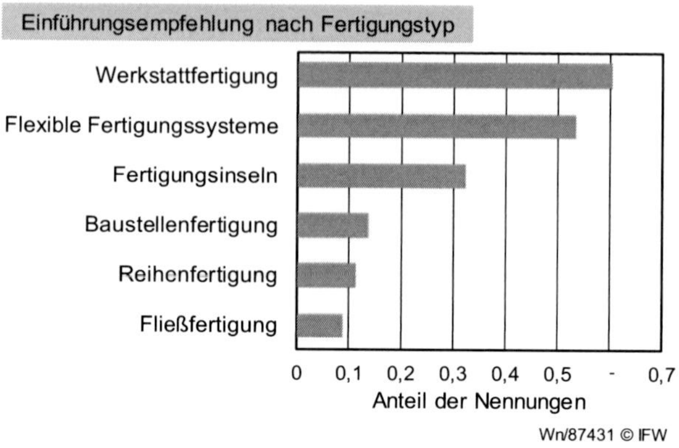

Bild 4.2: Empfehlung der Kompetenzorientierung nach Fertigungstyp

Erfassung von Mitarbeiterkompetenzen

Der Aufwand zur Kompetenzerfassung und -messung ist ferner abhängig von den eingesetzten Instrumenten. Diesbezüglich setzen die meisten Unternehmen auf eine Bewertung durch den direkten Vorgesetzten, da dieser die Kompetenzen am besten beurteilen könne und hierfür der geringste Zusatzaufwand nötig sei. Weitere aufwandsarme Instrumente stellen die Beurteilung aufgrund von Beobachtungen beziehungsweise Arbeitsproben sowie die Auswertung von erfassten Maschinen- und Betriebsdaten dar, siehe links in Bild 4.3.

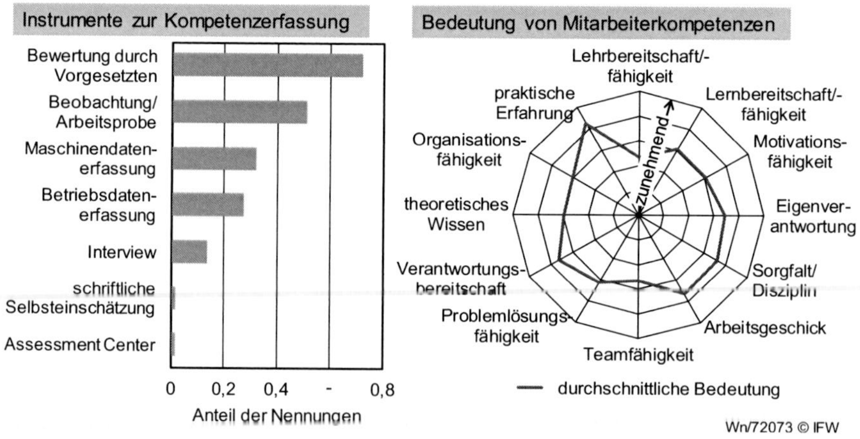

Bild 4.3: Instrumente zur Kompetenzerfassung und Bedeutung von Kompetenzen

Die befragten Unternehmen halten mehrheitlich die Erfassung von Kompetenzprofilen für jeden Mitarbeiter für sinnvoll. Dabei muss jedoch auf die Objektivität der erhobenen Daten geachtet werden, welche unter anderem durch 360° Feedbackgespräche, zum Beispiel Mitarbeiter, Meister, Planer, gewährleistet werden kann.

Darüber hinaus wurde untersucht, wie die Ressource Personal hinsichtlich der Kompetenzfacetten, Fach-, Sozial- und Personalkompetenz, beschrieben werden sollte. Als wichtigste Kompetenzfacette wurde die Fachkompetenz, aufgrund der relativ leichten Erhebung und wegen der hohen Bedeutung für die Mitarbeiterzuordnung, genannt. Demnach halten über 40 % der Befragten die Erhebung von Fachkompetenzen für leicht. Die Erhebung der Sozial- und Personalkompetenzen werden nur von 5 % beziehungsweise 3 % als leicht erachtet. Die Bedeutung der drei Kompetenzfacetten ist hingegen ausgeglichener. Hiernach werden die Fachkompetenzen zu 48 % als sehr wichtig eingeschätzt, wohingegen 38 % der Antwortenden die Sozial- und Personalkompetenzen als sehr wichtig beurteilen. Innerhalb der Fachkompetenz geht die praktische Erfahrung beziehungsweise Prozesserfahrung als wichtigste Kompetenz mit 70 % der Bewertungen als „sehr wichtig" hervor. Weiterhin sollten das Geschick und die Sorgfalt bei der Erfüllung der Arbeitsaufgabe sowie die Verantwortungsbereitschaft berücksichtigt werden, siehe rechts in Bild 4.3.

Potenzial der Kompetenzorientierung

Abschließend wurden die Potenziale einer Software, welche die Verwaltung und Nutzung detaillierter Kompetenzprofile beinhaltet und diese im Rahmen der Fertigungsplanung heranzieht, bewertet.

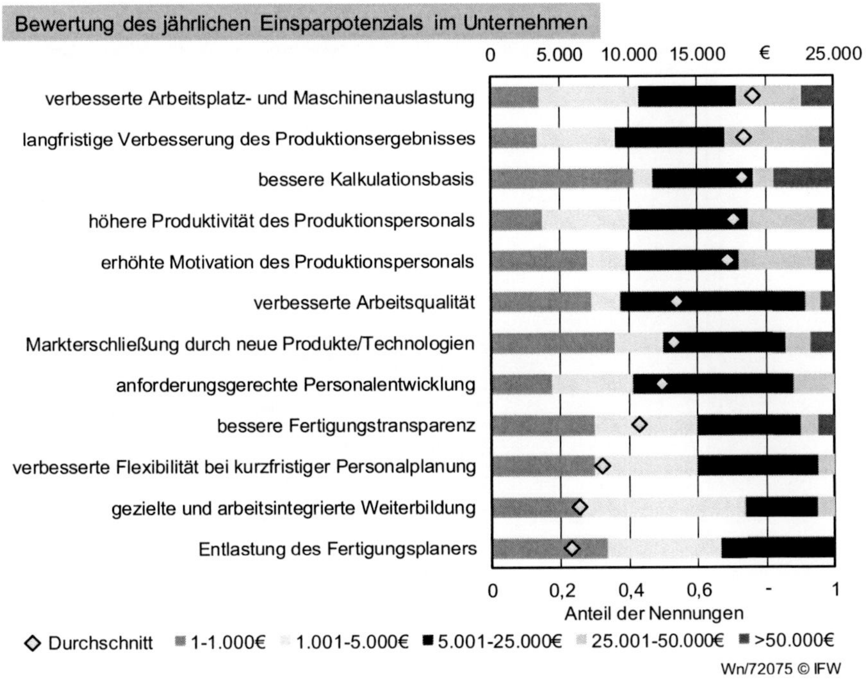

Bild 4.4: Potenzial einer kompetenzorientierten FPS

Diese waren mithilfe einer fünfstufigen Skala monetär zu beurteilen, die den Bereich von 1 bis über 50.000 € als jährliches Einsparpotenzial abdecken. Wie Bild 4.4 zu entnehmen ist, führt die Methode nach Einschätzung der befragten Unternehmen insbesondere zu einer verbesserten Arbeitsplatz- und Maschinenauslastung, zur langfristigen Verbesserung des Produktionsergebnisses sowie zu einer besseren Kalkulationsbasis. Ebenfalls werden große monetäre Einsparpotenziale durch die erhöhte Produktivität und Motivation der Produktionsmitarbeiter gesehen. Als Summe aller zwölf Potenziale gaben die Unternehmen erwartete durchschnittliche Einsparungen von 160.000 €/Jahr an, wobei mit steigender Mitarbeiterzahl der befragten Unternehmen die monetäre Bewertung der Potenziale zunimmt. Gemessen am durchschnittlichen Jahresumsatz der Studienteilnehmer von circa 6 Mio. €/Jahr ergibt sich ein umsatzbezogenes Potenzial von circa 2,5 %.

4.2 Erkenntnisgewinn und resultierende Anforderungen

Die Flexibilität des Fertigungstyps, die Größe des Unternehmens und der zeitliche Betrachtungshorizont stellen für die befragten Unternehmen die drei Randbedingungen dar, die über den Einsatz einer kompetenzorientierten Planung entscheiden. Sind diese Voraussetzungen erfüllt, übersteigt der Nutzen aufgrund einer besseren Kapazitätsauslastung, langfristigen Verbesserung des Produktionsergebnisses, besseren Kalkulationsbasis, höheren Motivation und Produktivität des Produktionspersonals den Aufwand der Kompetenzerhebung. Bild 4.5 veranschaulicht dieses Fazit.

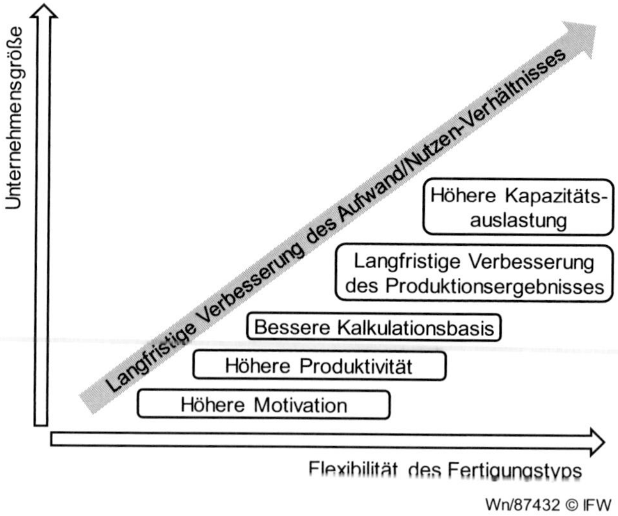

Bild 4.5: Erkenntnisse der empirischen Studie

Die Anforderungen aus der Praxis an die Funktionsweise der kompetenzorientierten FPS werden anhand von zwei Zitaten aus der empirischen Analyse beschrieben.

> *„Es sollte möglich sein, bei der Planung des Personals eine Rang- und Reihenfolge für die Besetzung von Arbeitsplätzen festzulegen. Also z. B. Arbeitsplatz 1 ist zuerst mit Mitarbeiter A, wenn der nicht da ist mit Mitarbeiter B usw. zu besetzen. Nachdem alle verfügbaren Mitarbeiter eingegeben sind, sollte das System abhängig von Anwesenheits- und Urlaubsplänen einen Vorschlag für den Personaleinsatz machen können und danach die Planung berechnen."*

> *„Die Eignung eines Mitarbeiters für eine Aufgabe sollte erst mal bewertet werden können. Es reicht durchaus, wenn eine Einstufung erfolgt. Es ist nicht nötig, derart viele Positionen wie oben abgefragt zu bewerten."*

Aus diesen Anmerkungen lassen sich folgende Aspekte hervorheben. Zum einen soll die Eignung eines Mitarbeiters für einen Prozess mittels einer einfachen Einstufung stattfinden. Eine detaillierte Bewertung anhand aller aufgeführten Kompetenzen sei hierbei nach Meinung des Befragten nicht notwendig. Zum anderen soll ein Algorithmus implementiert werden, der die vorhandenen Mitarbeiter unter Beachtung der Verfügbarkeit anhand einer Rangfolge den jeweiligen Arbeitsplätzen zuordnet.

Aus den derzeitigen Hindernissen der Kompetenzberücksichtigung lässt sich ableiten, dass die Aufgabe einer kompetenzorientierten Planungssoftware vorwiegend in der Unterstützung und Aufwandsreduzierung bei der Kompetenzerfassung und -dokumentation sowie Aktualisierung der hinterlegten Daten besteht. Neben einer Bewertung durch den Vorgesetzten ist die subjektive Einschätzung durch die Nutzung von Betriebs- und Maschinendaten abzusichern. Die wichtigste Kompetenz ist dabei die Prozesserfahrung eines Mitarbeiters, deren Erhebung zugleich als relativ einfach angesehen wird. Zudem müssen Auswirkungen von Planungsalternativen, insbesondere hinsichtlich des Personaleinsatzes, transparent mittels hinterlegter Kennzahlen aufgezeigt werden können.

Die Rahmenbedingungen zeigen, dass die Flexibilität des Fertigungstyps und die Größe eines Unternehmens die wesentlichen Randbedingungen darstellen, die über die Wirtschaftlichkeit einer kompetenzorientierten Planung entscheiden. So steigt der Koordinations- und Planungsaufwand mit der Flexibilität einer Fertigung und der Anzahl der Produktionsmitarbeiter. Wird der Planer durch ein Assistenzsystem unterstützt, erhöht sich der Nutzen einer kompetenzorientierten FPS und übersteigt den anfänglichen Aufwand der Kompetenzerhebung.

Innerhalb der folgenden Kapitel wird deshalb versucht, die Eignung eines Mitarbeiters für einen Prozess messbar zu machen und zu standardisieren. Weiterhin wird ein Algorithmus entwickelt, der eine Rangfolge von Mitarbeitern für die zu erledigenden Fertigungsprozesse erstellt. Darüber hinaus werden die Rahmenbedingungen zur Flexibilität des Fertigungstyps sowie der langfristige Betrachtungshorizont berücksichtigt. Hierzu wird die Simulation eines Produktionssystems durchgeführt und die Verbesserung der strategischen Zielerreichung durch eine kompetenzorientierte Planung analysiert.

5 Methodenentwicklung

Die im Folgenden vorgestellte Methode orientiert sich an den in Kapitel 3 aufgestellten Teilzielen. Zur Spezifizierung wurden in Kapitel 4 die Berücksichtigung von Mitarbeiterkompetenzen und deren Potenzial in der betrieblichen Praxis analysiert und Anforderungen an die Methode abgeleitet. Zunächst wird das Lösungskonzept der Methode, um die Ziele und Potenziale zu erreichen, in Kapitel 5.1 dargestellt.

5.1 Lösungskonzept

Vor dem Hintergrund einer breiten Anwendbarkeit der Planungsmethodik wurde eine unternehmensneutrale Systematik entwickelt, die den Inhalt und den zeitlichen Ablauf der erforderlichen Planungsschritte festlegt. Hierdurch wird die Basis für eine kompetenzorientierte FPS für produzierende Unternehmen mit unterschiedlichen Anforderungen, Zielgrößen und Restriktionen der Planungsbereiche geschaffen.

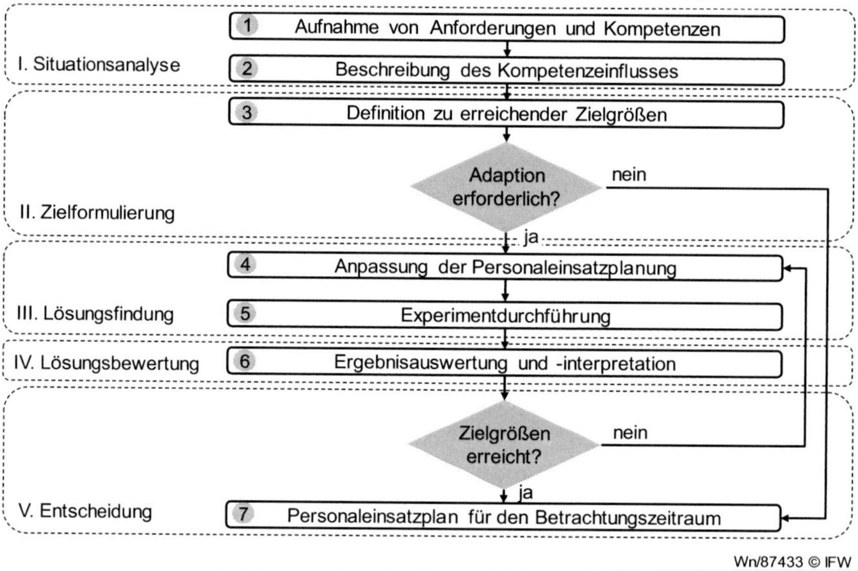

Bild 5.1: Systematik zur kompetenzorientierten FPS in Anlehnung an [DAE97]

Die Systematik orientiert sich dabei am allgemeinen Problemlösungszyklus nach DAENZER, der bei Auftreten jeder Art von (Planungs-)Problemen Anwendung finden kann [DAE97]. Nach DAENZER wird die Logik zur Problemlösung mit den Phasen Situationsanalyse, Zielformulierung, Lösungsfindung und -bewertung sowie der Entscheidung beschrieben, siehe links in Bild 5.1. Die Inhalte und der zeitliche Ablauf sowohl der kompetenzorientierten Fertigungsplanung als auch der kompetenzorientierten Fertigungssteuerung sind in Bild 5.1 rechts dargestellt und werden nachfolgend erläutert.

Zur Vorbereitung werden in **Schritt 1** zunächst, die Systemgrenze, der Abstraktionsgrad sowie der Betrachtungszeitraum des zu lösenden Planungsproblems festgelegt. Anschließend kann die Struktur (Aufbau- und Ablaufstruktur) des zu betrachtenden realen Produktionssystems beschrieben werden. Hierzu werden die Systemelemente, wie Fertigungsschritte oder Arbeitsplätze beziehungsweise Mitarbeiter, anhand vorhandener und zukünftiger Mitarbeiteranforderungen beziehungsweise Mitarbeiterkompetenzen aufgenommen (Aufbaustruktur). Darüber hinaus ist es essentiell, die Ablaufstruktur in Form von Fertigungsaufträgen und Prozesszeiten zu akquirieren.

In **Schritt 2** werden die Entwicklung und der Einfluss der Mitarbeiterkompetenz, zum Beispiel auf die Prozesszeit und -qualität, analysiert. Die Analyse kann auf Basis von Erfahrungswissen oder Betriebsdaten erfolgen. Einerseits wird der Einfluss der Kompetenzen der Mitarbeiter als unabhängige Variable auf die Produktionszielgrößen als abhängige Variablen untersucht. Andererseits wird die Kompetenzentwicklung als abhänge Variable in Abhängigkeit der Zeit als unabhängige Variable prognostiziert.

Innerhalb der Schritte 3 und 4 werden unternehmens- und methodenspezifische Restriktionen und zu erreichende Ziele berücksichtigt. In **Schritt 3** erfolgt die Festlegung der Zielkriterien der kompetenzorientierten FPS. Während die kompetenzorientierte Fertigungsplanung primär die Minimierung der Fertigungskosten verfolgt, fokussiert die kompetenzorientierte Fertigungssteuerung die kurzfristige Umsetzbarkeit der Fertigungsaufträge und Glättung der Mitarbeiterauslastung. Sofern unter Berücksichtigung der Zielstellung sowie des Einflusses der Mitarbeiterkompetenz (vergleiche Schritt 2) eine Adaption der PEP nicht sinnvoll erscheint, kann die Anwendung der Methodik frühzeitig beendet werden. Dies ist zum Beispiel dann der Fall, wenn die Mitarbeiterkompetenz einen geringen Einfluss auf die Zielgrößen aufweist.

Im Fall einer vorliegenden Einflussbeziehung von Zielstellung und Mitarbeiter, erfolgt in **Schritt 4** eine systematische Anpassung sämtlicher Stellgrößen der jeweiligen Planungsmethode unter Beachtung vorhandener Restriktionen, zum Beispiel Zuweisung eines Mitarbeiters zu einem Arbeitsplatz unter Beachtung der Verfügbarkeit des Mitarbeiters. Hierzu sind die Stellgrößen, zum Beispiel Mitarbeiter, Arbeitsplätze, inklusive des Wertebereichs sowie der Schrittweite herzuleiten und entsprechende Kombinationsmöglichkeiten in Form eines Versuchsplans festzuhalten.

Der **Schritt 5** umfasst die rechnergestützte Optimierung unter der Berücksichtigung des Mitarbeitereinflusses und der gewählten Stellgrößenkombination. Die Systematik wird mit der Ergebnisauswertung und -interpretation fortgesetzt (**Schritt 6**). In diesem Schritt werden die statistisch abgesicherten Ergebniswerte der Methode grafisch aufbereitet und visualisiert, um dem Entscheidungsträger eine fundierte Entscheidungsgrundlage bereitzustellen. Das Ergebnis ist ein Personaleinsatzplan (**Schritt 7**), der zu einer Optimierung der Zielerreichung führt und durch den Entscheidungsträger zur Umsetzung im realen System freigegeben werden kann. Die Inhalte der Schritte 1 - 4 werden im Nachfolgenden detailliert erläutert. Die Schritte 5 - 7 werden im Rahmen der Validierung und Evaluierung illustriert (Kapitel 6).

Die Systematik lässt sich sowohl isoliert für die kompetenzorientierte Fertigungsplanung und -steuerung als auch für eine integrierte Betrachtung heranziehen. In beiden Schritten wird der Personaleinsatzplan variiert und die Auswirkung auf die Ausgangsgrößen untersucht. Dabei kann der Personaleinsatz für einen lang- oder kurzfristigen Zeitraum festgelegt werden. Mithilfe des langfristigen Einsatzplans werden primär strategische Auswirkungen, wie die Kompetenzentwicklung berücksichtigt, die sich durch arbeitsintegrierte Lerneffekte ergeben. Durch kurzfristige Entscheidungen wird hingegen auf die aktuelle Fertigungssituation reagiert und die Zielgrößen operativ beeinflusst. Die Eingangs-, Stell-, Stör- und Ausgangsgrößen der kompetenzorientierten FPS sowie deren Verknüpfung fasst Bild 5.2 zusammen.

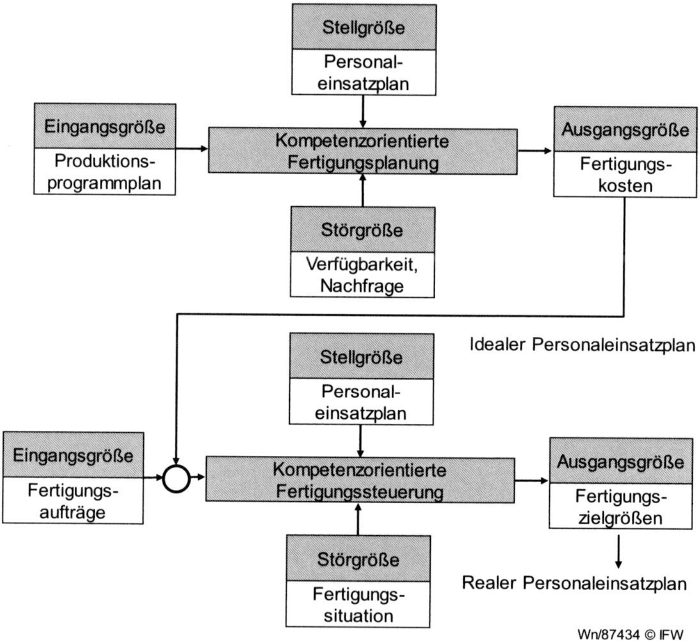

Bild 5.2: Eingangs-, Stell-, Stör- und Ausgangsgrößen der Teilmethoden

Ergebnis der langfristigen Betrachtung ist ein idealer beziehungsweise statischer Personaleinsatzplan, der innerhalb der Fertigungssteuerung durch einen realen beziehungsweise dynamischen Personaleinsatzplan an die gegebene Fertigungssituation angepasst wird. Für beide Teilmethoden ist der Mitarbeitereinfluss auf die Zielgrößen essentiell, um die Auswirkungen des Personaleinsatzplans prognostizieren zu können.

5.2 Herleitung des Mitarbeitereinflusses und dessen Entwicklung

Die Untersuchung des Stands des Wissens hat gezeigt, dass es möglich ist, ein hinreichend genaues Modell, zum Beispiel für die Anlernung sensumotorischer Fähigkeiten, zu erstellen. Um dieses Modell anwenden zu können, sind jedoch aufwendige Testreihen zur kognitiven und motorischen Leistungsfähigkeit für jeden Mitarbeiter individuell durchzuführen. Aus diesem Grund wird ein Modell zur Prognose des Mitarbeitereinflusses und dessen Entwicklung erarbeitet, das einen geringeren Aufwand bei hinreichender Genauigkeit verursacht. Hierbei lassen sich entsprechend der vorhandenen Voraussetzungen eines Unternehmens zwei Arten unterscheiden:

- Erfassung und Nutzung von Betriebsdaten
- Prognose auf Basis von Erfahrungswissen

Im Falle eines bereits bestehenden Fertigungssystems und einer eingesetzten BDE lassen sich zur Parametrierung der Lernkurven Betriebsdaten nutzen (Kapitel 5.2.1). Liegt eine Neuplanung eines Fertigungssystems vor oder verfügt das Unternehmen über keine BDE, so kann die Prognose auf Basis von Erfahrungswissen durchgeführt werden (Kapitel 5.2.2).

5.2.1 Erfassung und Nutzung von Betriebsdaten

Das Ziel der Erfassung und Nutzung von Betriebsdaten ist die Beschreibung des Zusammenhangs zwischen Mitarbeiter und Zielgrößen für die PEP auf Basis von realisierten Fertigungsergebnissen. Durch die Verwendung dokumentierter Vergangenheitsdaten lässt sich ein hohes Maß an Objektivität und Transparenz der herzuleitenden Zusammenhänge erzielen. Gleichzeitig werden die erfassten Daten zur Aktualisierung der Plandaten zurückgeführt, um den Pflegeaufwand zu reduzieren und die Validität der Planungsergebnisse stetig zu erhöhen. Den resultierenden Informationskreislauf veranschaulicht Bild 5.3.

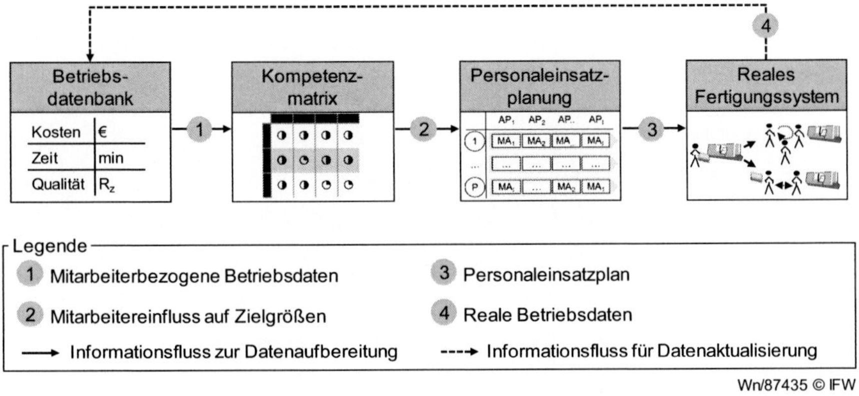

Bild 5.3: Informationskreislauf zur Nutzung von Betriebsdaten

Die realisierten Fertigungsergebnisse werden in einer Betriebsdatendatenbank gespeichert. Mithilfe mitarbeiterbezogener Betriebsdaten werden die Erreichung der Zielgrößen hinsichtlich Kosten, Zeit und Qualität hergeleitet. Die Kompetenzmatrix stellt die ermittelten Zusammenhänge für die PEP zur Verfügung. Die bestimmten Personaleinsatzpläne werden im realen Fertigungssystem umgesetzt und die realisierten Ergebnisse wiederum in die Betriebsdatenbank geschrieben. Im Folgenden wird ein Verfahren zur Datenaufbereitung und -auswertung von Mitarbeitermeldungen zur Herleitung einer solchen Kompetenzmatrix sowie deren Verwendung für die PEP detailliert beschrieben.

Zur systematischen Auswertung von Mitarbeitermeldungen wird ein mehrstufiger Ansatz in Anlehnung an den Knowledge Discovery in Databases (KDD)-Prozess nach FAYYAD et al. [FAY96] gewählt, vergleiche Kapitel 2.6. Dieser umfasst neben der Festlegung der Zielstellung die Teilschritte Datenselektion, -aufbereitung und -transformation, Data Mining sowie Interpretation der Daten. Ziel des Auswertungsverfahrens ist die Herleitung eines digitalen Schattens der Mitarbeiter für die PEP. Hierzu wird das Ziel verfolgt, den Einfluss des Individuums auf die Zielgrößen und dessen Entwicklung über die Zeit zu quantifizieren.

<u>Datenselektion</u>

Im ersten Schritt werden die relevanten Daten zur Erreichung der Zielstellung selektiert. Für die Entscheidungsfindung in der PEP wird der Einfluss des Mitarbeiters auf die Zielgrößen Zeit (Bearbeitungs- und Rüstzeit) sowie Qualität (Ausschuss, Nacharbeit) benötigt. Die Zielgröße Kosten kann anschließend durch Multiplikation der Bearbeitungs- und Rüstzeit mit dem Stundensatz des Mitarbeiters abgeleitet werden. Innerhalb von Planungssystemen sind zudem Vorgabezeiten für Teilschritte der Prozesse, zum Beispiel Bearbeitung eines Bauteils, Rüsten von Maschinen, hinterlegt. Durch die Angabe der gemeldeten Tätigkeit lassen sich die Ist- den Sollzeiten gegenüberstellen. Die Genauigkeit der Vorgabezeiten wirkt sich somit direkt auf die Qualität der herzuleitenden Zusammenhänge aus. Daher ist sicherzustellen, dass die Ermittlung einheitlich erfolgt und die Zielgrößen nicht durch die Maschinenleistungsfähigkeit oder Produktkomplexität, sondern lediglich durch den Mitarbeiter beeinflusst werden. Zur Herleitung der Kompetenzmatrix sind daher folgende Informationen aus der BDE heranzuziehen:

- **Prozess**: Beschreibung des Arbeitsschrittes.
- **Arbeitsplatz**: Bezeichnung und Beschreibung des Arbeitsplatzes.
- **Mitarbeiter**: Name oder Nummer des meldenden Mitarbeiters.
- **Sollzeit**: Vorgabezeit für die Bearbeitung und das Rüsten für den Prozess.
- **Stückzahl**: Gemeldete Anzahl an Gut- und Ausschussteilen.
- **Meldung**: Zeitstempel für Beginn und Ende des Prozesses.
- **Tätigkeit**: Bearbeitung, Rüsten oder Nacharbeit innerhalb des Prozesses.

<u>Datenaufbereitung</u>

Im zweiten Schritt werden die erfassten Datensätze bereinigt und vorverarbeitet. Enthalten Meldungen keine Angabe zu Stückzahlen, Tätigkeit oder Sollzeiten, so werden diese Datensätze entfernt. Zudem soll sichergestellt werden, dass die realisierten Ergebnisse eindeutig einem Mitarbeiter zugewiesen werden können. Daher werden Prozesse, für die Meldungen von unterschiedlichen Mitarbeitern zur gleichen Tätigkeit vorliegen, aus der Datenbasis entfernt.

Datentransformation

Im dritten Schritt werden die Datensätze reduziert und transformiert. Stammen mehrere Meldungen für einen Prozess und eine Tätigkeit von demselben Mitarbeiter, so werden die Einzelzeiten und Stückzahlen je Meldung bereinigt. Dies ist beispielsweise der Fall, wenn ein Prozess unterbrochen und später fortgesetzt wird, zum Beispiel bei der Bearbeitung einer größeren Stückzahl je Prozess. Zur Bestimmung der Einzelzeit einer Meldung werden die Zeitstempel Ende und Beginn voneinander sowie eventuelle Pausenzeiten in diesem Zeitraum abgezogen. Die resultierende Gesamtzeit je Prozess wird durch die Summe der gemeldeten Stückzahl geteilt, um die Ist-Stückzeit zu erhalten. Der Zeitfaktor je Prozess ergibt sich durch die Division der Ist-Stückzeit und Soll-Stückzeit. Für die resultierenden Zeitfaktoren lassen sich Grenzwerte festlegen, um Ausreißer vor der statistischen Auswertung zu entfernen. Äquivalent zum Zeitfaktor wird der Ausschussanteil mithilfe des Quotienten aus Anzahl an Ausschussteilen und der Summe aus Ausschuss- und Gutteilen berechnet.

Data Mining

Im vierten Schritt erfolgt die Auswertung der Daten mithilfe von Methoden aus dem Bereich Data Mining. Diese können, wie in Kapitel 2.6 beschrieben, genutzt werden, um einerseits Objekte zusammenzufassen und andererseits Zusammenhänge zwischen ihnen abzuleiten.

Für die PEP muss zum einen festgelegt werden, welche Ergebnisse aus der Vergangenheit für die Prognose zukünftiger Ereignisse herangezogen werden können. Mithilfe der Klassifikation werden daher Objekte anhand gemeinsamer Attribute zusammengefasst. So werden Arbeitsplätze, zum Beispiel aufgrund des Fertigungsverfahrens, des Automatisierungsgrads und der eingesetzten Maschinensteuerung, anhand prozessspezifischer Merkmale gruppiert. Darüber hinaus lassen sich produktspezifische Merkmale, wie die zulässige Rauheit oder Maß- und Formtoleranz, zur Klassifikation heranziehen. Zudem werden die Zeitfaktoren (Bearbeitung, Rüsten, Nacharbeit) der jeweiligen Prozesse den meldenden Mitarbeitern zugeordnet. Die Arbeitsplatzgruppen (Spalten) und Mitarbeiter (Zeilen) spannen die zweidimensionalen Kompetenzmatrizen auf. Entspricht ein Prozess in der Zukunft diesen Rahmenbedingungen, so können die Ergebnisse zur Prognose genutzt werden.

Zum anderen ist für die PEP vorzugeben, in welcher Form die Vergangenheitswerte auszuwerten sind, um sie für die Prognose zu befähigen. Mithilfe von Assoziationsregeln werden hierzu die Zeitfaktoren je Tätigkeit sowie die Ausschussanteile für die Zusammenhänge zwischen den Arbeitsplatzgruppen und Mitarbeitern herangezogen und in die Zellen der Kompetenzmatrizen eingetragen. Für jede Tätigkeit wird der arithmetische Mittelwert einer Arbeitsplatzgruppe-Mitarbeiter-Kombination bestimmt und zur Beschreibung des Einflusses auf die Bearbeitungs-, Rüst- und Nacharbeitszeit in den Zellen der Kompetenzmatrix vermerkt. Der arithmetische Mittelwert der Ausschussanteile in den Zellen der Kompetenzmatrix erlaubt wiederum die Prognose zukünftiger Ausschussteile.

Zur Beschreibung des langfristigen Einflusses der PEP wird die zeitliche Entwicklung analysiert. Dazu werden die arithmetischen Mittelwerte der Zeitfaktoren und Ausschussanteile sowie die Anzahl an gemeldeten Prozessen für jeden Monat des Auswertungszeitraums ermittelt. Die monatliche Berechnung der arithmetischen Mittelwerte ergibt eine diskrete Zeitreihe x_t für jede Arbeitsplatzgruppe-Mitarbeiter-Tätigkeit-Kombination. Die Zeitreihe ermöglicht die Bestimmung des gleitenden Mittelwerts für jeden Monat im Betrachtungszeitraum, um die Entwicklung des Mitarbeitereinflusses herzuleiten. Der **gewichtete gleitende Mittelwert** m_x der diskreten Zeitreihe nach t Monaten ergibt sich gemäß Gleichung 5.1.

$$m_x(t) = \sum_u^t w_u \cdot x_{t-u} \tag{5.1}$$

Dabei stellt w_u die Gewichtung der jeweiligen monatlichen Mittelwerte der Zeitfaktoren dar. Dazu wird die Anzahl der gemeldeten Prozesse im Monat u durch die Summe der gemeldeten Prozesse bis Monat u geteilt. Somit wird erreicht, dass Zeitfaktoren eines Monats mit einer größeren Datenbasis stärker berücksichtigt werden als Zeitfaktoren, die auf einer geringen Anzahl an Meldungen beruhen.

Dateninterpretation

Im letzten Schritt des Auswertungsverfahrens wird eine Bewertung der mitarbeiterbezogenen Betriebsdaten und der ermittelten Zeitfaktoren vorgenommen. Um eine Aussage über die Prognosequalität mithilfe des arithmetischen Mittelwerts zu treffen, wird die Streuung der Zeitfaktoren einer Arbeitsplatzgruppe-Mitarbeiter-Tätigkeit-Kombination hinsichtlich einer Zielgröße mithilfe der Standardabweichung untersucht. Qualitative Untersuchungen zur Beurteilung der Ergebnisgüte werden durch die Darstellung von Histogrammen und des gleitenden Durchschnitts der Zeitfaktoren durchgeführt. Liegt bereits eine Kompetenzmatrix, zum Beispiel auf Basis von Expertenschätzung zur Verfügung, ist diese den ermittelten Zusammenhängen gegenüberzustellen. Dazu werden die geschätzten Mitarbeiterkompetenzen als unabhängige Variable und der hergeleitete Einfluss auf die Zielgrößen als abhängige Variable für eine Regressionsanalyse herangezogen.

5.2.2 Prognose auf Basis von Erfahrungswissen

Bei der Prognose der Kompetenzentwicklung auf Basis von Erfahrungswissen sind sowohl das Lernen als auch das Verlernen zu berücksichtigen. Das Wissen aus Abteilungen, beispielsweise der Zeiterfassung (MTM, REFA), ist so aufzubereiten, dass Zeiträume beziehungsweise Anzahl an Prozessausführungen bis zur Erreichung einer definierten Bezugsleistung abgeleitet werden können. Die Deutsche

MTM definiert den Wert der Bezugsleistung so, dass ein durchschnittlich geübter Mitarbeiter diesen Wert dauerhaft und ohne Beeinträchtigung der motorischen und kognitiven Fähigkeiten über viele Jahre erbringen kann. Das bedeutet, dass ein überdurchschnittlich geübter Mitarbeiter auch Werte oberhalb der Bezugsleistung erbringen kann. In der vorliegenden Arbeit wird neben der Vorgabezeit die Bezugsleistung als Referenz zur Messung des Mitarbeitereinflusses herangezogen. Während der Zeitfaktor die mitarbeiterindividuelle Abweichung von der Vorgabezeit beschreibt, definiert der Leistungsgrad L den erreichten Anteil an der Bezugsleistung des jeweiligen Mitarbeiters. Zur Berücksichtigung individueller Einflussfaktoren der Lerngeschwindigkeit werden drei Lerntypen unterschieden:

- **Lerntyp „A“** hat keine oder kaum Vorerfahrung. Er muss alle Grundprozesse erlernen.
- **Lerntyp „B“** hat bereits Vorerfahrung und die Grundkenntnisse sind gefestigt.
- **Lerntyp „C“** entspricht einem überdurchschnittlich vorqualifizierten Mitarbeiter. Sein Wissen ist so gefestigt, dass er bereits Erlerntes ohne Probleme auf neue Situationen anwenden kann.

Lerntyp „C“ erreicht somit bereits nach wenigen Ausführungen die Bezugsleistung nach MTM, während Lerntyp „A“ diese erst nach einer Vielzahl an Ausführungen des jeweiligen Arbeitsvorgangs erreicht. Mithilfe von Referenzpunkten lassen sich Potenzfunktionen interpolieren, um den charakteristischen Verlauf des Lernens zu modellieren, vergleiche Kapitel 2.5.

Für die Modellierung der Vergessenskurven kann ebenfalls auf Erfahrungswissen von Expertengruppen zurückzugriffen werden. Hierzu ist der Zeitraum ohne Durchführung eines Arbeitsvorgangs und der entsprechende Vergessensanteil abzuschätzen. Mithilfe dieser Referenzpunkte werden, analog zu den Anlernprozessen, Potenzfunktionen abgeleitet.

Zur Prognose der Kompetenzentwicklung werden die Lern- und Vergessenskurven kombiniert. Dabei ist zu beachten, dass sich das Lernmodell auf Stückzahlen und das Vergessensmodell auf einen Zeitraum bezieht. So ist zu Beginn einer Ausführung die Leistungsabnahme auf Basis der Vergessenskurve unter Zuhilfenahme des Zeitraums seit der letzten Ausführung zu bestimmen. Nach der Ausführung ist der Leistungsgrad auf Basis der Anzahl ausgeführter Arbeitsvorgänge zu aktualisieren.

Bild 5.4 zeigt, wie sich der Leistungsgrad eines Mitarbeiters aufgrund der ausgeführten Arbeitsvorgänge entwickelt. Anhand des bestimmten Leistungsgrads mithilfe der Vergessenskurve L_0 wird die äquivalente Anzahl an Ausführungen A_0 ermittelt. Dies stellt sicher, dass der sich einstellende Leistungszuwachs mittels des passenden Abschnitts der Lernkurve bestimmt wird. Durch die Anzahl neu ausgeführter Arbeitsvorgänge $A_1 - A_0$ resultiert so der Leistungszuwachs $L_1 - L_0$.

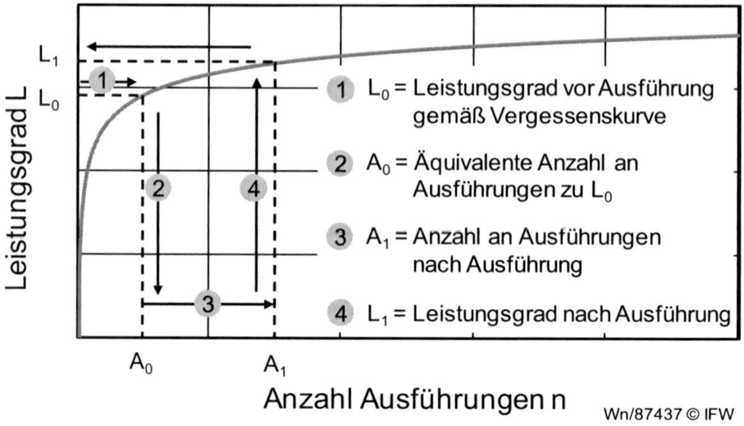

Bild 5.4: Bestimmung der Kompetenzentwicklung anhand der Ausführungen

5.3 Kompetenzorientierte Fertigungsplanung

Aufbauend auf der Herleitung des Mitarbeitereinflusses und dessen Entwicklung wird im Folgenden der Ansatz zur kompetenzorientierten Fertigungsplanung vorgestellt. Hierzu werden die in Bild 5.2 dargestellten Stell-, Stör- und Ausgangsgrößen beschrieben. Zunächst werden in Kapitel 5.3.1 die Größen zur Bewertung der Auswirkungen des Personaleinsatzplans und deren Berechnungsvorschrift festgelegt. Mithilfe der möglichen Störgrößen werden Planungsszenarien in einem Versuchsplan für die kompetenzorientierte Fertigungsplanung aufgestellt (Kapitel 5.3.2).

5.3.1 Festlegung von Bewertungsgrößen

Um die Auswirkungen unterschiedlicher Personaleinsatzpläne quantifizieren zu können, bedarf es der Aufstellung eines Modells, das den Einfluss der Mitarbeiterkompetenzen auf die Produktionszielgrößen beschreibt. Hierzu werden im Folgenden die Wechselwirkungen zwischen Zielgrößen sowie Kennzahlen zu deren Beschreibung entwickelt. Als wichtigste Zielgrößen lassen sich auf Basis der Fremduntersuchungen in Kapitel 2 die Kosten, Zeit, Qualität, Flexibilität und Mitarbeiterkompetenz festhalten.

Diese Produktionsziele dienen der Befriedigung unterschiedlicher Kundenanforderungen und verfolgen das gemeinsame Ziel der Kundenzufriedenheit. Aus Unternehmenssicht variiert entsprechend der Auftragslage und Fertigungssituation die Bedeutung der Zielgrößen. Die Zielgrößen stehen dabei untereinander in Wechselwirkung, sodass sich beispielsweise die Fertigungszeit in den Fertigungskosten widerspiegelt oder die Kompetenz der Mitarbeiter über deren Flexibilität entscheidet. Zur Darstellung und Begründung dieser Beziehungen besteht die Notwendigkeit, die einzelnen Produktionszielgrößen vorab zu operationalisieren.

Die **Kosten** unterteilen sich in variable und fixe Bestandteile, wobei ein Teil der Kosten in Abhängigkeit der hergestellten Stückzahl variiert und ein anderer unabhängig von der Nutzung anfällt. So verursacht bereits die Bereitstellung einer Maschine Kosten durch Abschreibung, Zinsen, Instandhaltung und beanspruchtem Raum. Gleiches gilt für die Mitarbeiter, die unabhängig von der Beschäftigung, zumindest einen Teil ihres Lohns erhalten. Das Ziel zur Reduzierung der fixen Kosten besteht daher in einer hohen Auslastung der Maschinen- und Personalkapazitäten. Kurzfristig kann dieses durch eine hohe Ausbringungsmenge realisiert werden. Sofern diese Menge jedoch am Markt nicht zu einem kostendeckenden Preis abgesetzt werden kann, müssen langfristig die Kapazitäten angepasst werden.

Einen direkten Einfluss auf die variablen Personal- und Maschinenkosten haben die Bearbeitungs-, Rüst- und Wartezeiten, welche als Bestandteile der Durchlaufzeit der Produktionszielgröße **Zeit** angehören. So werden die Personal- und Maschinenstückkosten durch das Produkt von Personal- beziehungsweise Maschinenstundensatz und den Zeitanteilen berechnet. Zur Erhöhung der Kundenzufriedenheit sind weiterhin die Termintreue und Verfügbarkeit maßgebend. Eine kurze Lieferzeit und die Einhaltung von vereinbarten Lieferterminen sorgen für eine hohe Kundenzufriedenheit und -bindung.

Auch die Zielgröße der **Flexibilität** wirkt sich auf die Termintreue und Verfügbarkeit aus. So determiniert die Umrüstbarkeit der Fertigungssysteme kurzfristig die Liefer- und Durchlaufzeit eines Auftrags, indem sie Einfluss auf die Rüstzeit nimmt. Die Fähigkeit sowohl kurz- als auch langfristig andere Produkte sowie Produktionsmengen zu fertigen, beschreibt die Anpassungsfähigkeit. Die Flexibilität bezieht sich sowohl auf das bestehende Produktionsprogramm als auch auf die Eignung, auf sich ändernde Kundenanforderungen in Form von Produkten und absetzbarer Produktionsmenge zu reagieren.

Neben den technologischen und organisatorischen Anforderungen müssen die **Mitarbeiter** über die geforderten Kompetenzen verfügen, um eine hohe Flexibilität zu ermöglichen. Einerseits wird so eine hohe Flexibilität hinsichtlich des Personaleinsatzes ermöglicht, da ein Mitarbeiter für mehrere Arbeitsplätze qualifiziert ist. Andererseits kann das Personal Anforderungen durch neue Produkte und Technologien schneller erfüllen und somit zur Flexibilitätssteigerung beitragen. Mithilfe des Personaleinsatzplans und der resultierenden Kompetenzentwicklung wird die Zufriedenheit und Motivation der Mitarbeiter positiv beeinflusst, womit sich wiederum Wechselwirkungen zu den kosten- und zeitorientierten Produktionszielgrößen ergeben.

Steigende Mitarbeiterqualifikation und -motivation bewirken zugleich eine Verringerung des Ausschusses und der Nacharbeit und Verbesserung der **Qualität**. Die Kompetenz eines Mitarbeiters steht dabei im positiven Zusammenhang mit der Prozess- und Produktqualität. So sind zur Erfüllung hoher Qualitätsanforderungen sowohl die Maschinentechnologie als auch die Kompetenz der Mitarbeiter notwendig. Die beschriebenen Zusammenhänge und Wechselwirkungen der einzelnen Produktionszielgrößen sowie der Einfluss durch den Personaleinsatzplan fasst Bild 5.5 zusammen.

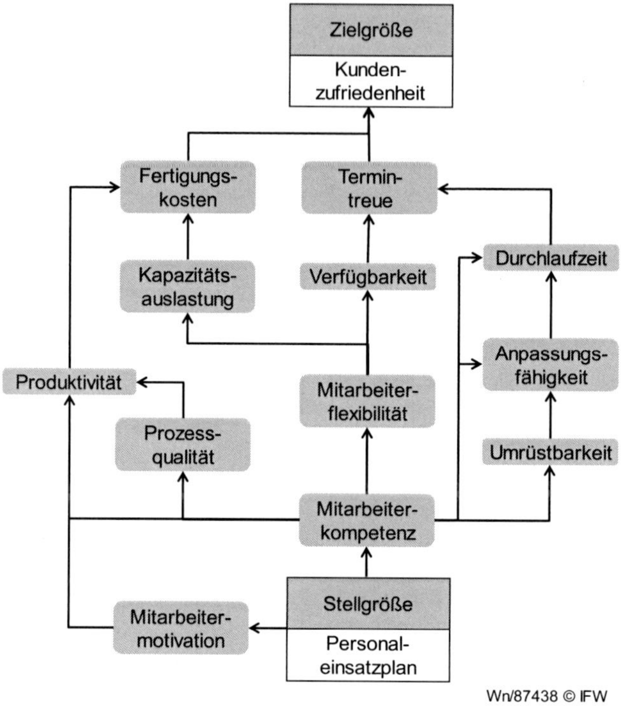

Bild 5.5: Wechselwirkungen und Kompetenzeinfluss der Produktionszielgrößen

Das Wirkgefüge zeigt, dass sich infolge der Stellgröße Personaleinsatzplan und unter Berücksichtigung der Lern- und Vergessenseffekte verschiedene Kompetenzen über den Planungszeitraum einstellen und die Zielerreichung beeinflussen. Die resultierende Mitarbeiterkompetenz und -flexibilität stehen im Mittelpunkt des abgebildeten Wirkgefüges und beeinflussen die Zielgrößen Fertigungskosten und Termintreue. Der Einfluss des Mitarbeiters auf die Termintreue ist in der Planungsphase ohne reale Fertigungsaufträge nicht zu prognostizieren und wird daher lediglich in der kompetenzorientierten Fertigungssteuerung berücksichtigt. Um die Zielerreichung zu messen, sind Kennzahlen zu bestimmen und mathematisch zu beschreiben.

Bestimmung der Fertigungskosten

Die Fertigungskosten unterteilen sich in Personal- und Maschinenkosten. Diese werden durch die benötigte Zeit für einen Prozess und durch den Stundensatz der jeweiligen Maschine beziehungsweise des Mitarbeiters bestimmt. Während der Stundenlohn und der Maschinenstundensatz als konstant angenommen werden, variiert die Durchlaufzeit mit der individuellen Kompetenz. Die Durchlaufzeit unterteilt sich in die Einsatz- und Pausenzeit. Die Einsatzzeit lässt sich wiederum danach unterteilen, ob die notwendigen Ressourcen zur Durchführung des Prozesses verfügbar oder nicht verfügbar sind. Die Zeit, in der die Ressourcen verfügbar sind, setzt sich aus der Wartezeit und Arbeitszeit zusammen. Mitarbeiterbedingte Wartezeiten entstehen, wenn alle Ressourcen (Werkstück, Maschine, Werkzeug) bis auf einen kompetenten Mitarbeiter zur Prozessausführung verfügbar sind. Die Zeitdauer, in der alle Ressourcen verfügbar sind und der Prozess durchgeführt wird, ist als Arbeitszeit definiert und variiert ebenfalls mit der Mitarbeiterkompetenz. So wird die Wartezeit vornehmlich durch die Verteilung der Kompetenz über alle Mitarbeiter beeinflusst, während die Arbeitszeit durch die Höhe der Kompetenz determiniert wird, vergleiche Kapitel 5.2. Entsprechend lassen sich die Fertigungskosten alternativ in Warte- und Arbeitskosten unterteilen, vergleiche Bild 5.6.

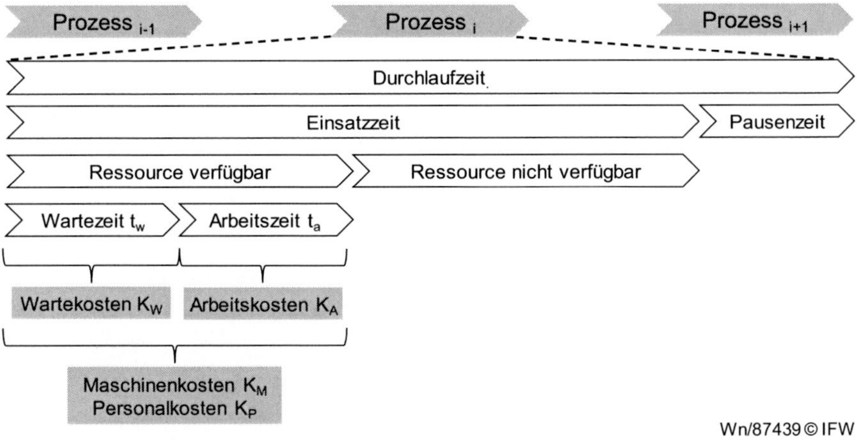

Bild 5.6: Zeit- und Kostenanteile zur Bestimmung der Fertigungskosten

Fertigungsstückkosten $$K_F = \frac{K_P + K_M}{N} = \frac{K_W + K_A}{N} \tag{5.2}$$

mit

Personalkosten $$K_P = \sum_j \sum_i k_{p_i} \cdot (t_{w_j} + t_{a_j}) \tag{5.3}$$

Maschinenkosten $$K_M = \sum_j k_{M_j} \cdot (t_{w_j} + t_{a_j}) \tag{5.4}$$

Wartekosten
$$K_W = \sum\nolimits_j k_{M_j} \cdot t_{w_j} \tag{5.5}$$

Arbeitskosten
$$K_A = \sum\nolimits_i \sum\nolimits_j (k_{P_i} + k_{M_j}) \cdot t_{a_j} \tag{5.6}$$

K_F	[€]	Fertigungsstückkosten
K_P	[€]	Personalkosten
K_M	[€]	Maschinenkosten
K_W	[€]	Wartekosten
K_A	[€]	Arbeitskosten
N	[-]	Anzahl der zu fertigenden Erzeugnisse
k_{p_j}	[€/h]	Personalkostensatz für Mitarbeiter i
t_{w_j}	[h]	Wartezeit für Prozess j über alle Erzeugnisse
t_{a_j}	[h]	Arbeitszeit für Prozess j über alle Erzeugnisse
k_{M_j}	[€/h]	Maschinenkostensatz für Prozess j

5.3.2 Aufstellung von Planungsszenarien

Das Ziel der kompetenzorientierten Fertigungsplanung ist die Identifikation des Personaleinsatzplans, der die geringsten Fertigungskosten unter Einhaltung der gegebenen Restriktionen verursacht. Der Personaleinsatzplan legt dabei fest, welcher Arbeitsplatz von welchem Mitarbeiter innerhalb des Betrachtungszeitraums besetzt wird. Die Restriktionen stellen die Berücksichtigung und Erfüllung aller Vorgaben sicher, wie

- Fertigungsziele, zum Beispiel Fertigungsstückzahl,
- Fertigungsressourcen, zum Beispiel Anzahl der Mitarbeiter,
- Fertigungszeiten, zum Beispiel Schichtzahl und -zeiten,
- Fertigungsabläufe, zum Beispiel Prozessabfolge,
- Fertigungsstrukturen, zum Beispiel Anzahl der Arbeitsplätze.

Um die Vielzahl möglicher Planungsszenarien zu reduzieren, werden die Freiheitsgrade der Stellgrößen anhand der vorhandenen Restriktionen festgelegt. So kann die Beeinflussung der Stellgrößen durch Restriktionen in zwei Gruppen eingeteilt werden:

- Die betrachtete Stellgröße steht aufgrund der Restriktion nicht zur Verfügung, zum Beispiel Arbeitszeiten. Liegt ein Arbeitszeitsystem vor, in dem ein festes Schichtsystem vorgesehen ist, können die Stellgrößen der PEP gänzlich vernachlässigt werden.
- Der Wertebereich der betrachteten Stellgröße wird aufgrund der Restriktion eingeschränkt, zum Beispiel Arbeitsplatzwechsel. Zur Vermeidung einer zu hohen Wechselfrequenz und des resultierenden Koordinationsbedarfs lässt sich die Einsatzdauer beziehungsweise Entfernung zum nächsten Arbeitsplatz mit minimalen beziehungsweise maximalen Vorgabewerten begrenzen.

Die zu berücksichtigenden Stellgrößen zur Aufstellung von Planungsszenarien sind schematisch in Bild 5.7 zusammengefasst. Anhand dieser Unterteilung lassen sich die Stellgrößen der PEP einschließlich der Ausprägung beziehungsweise des Wertebereichs für den Betrachtungszeitraum festlegen:

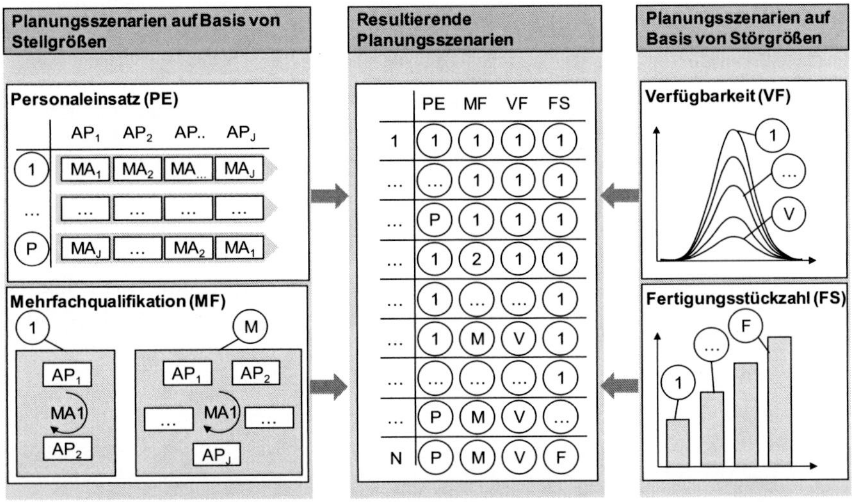

Bild 5.7: Planungsszenarien auf Basis von Stell- und Störgrößen

- Die Ermittlung sämtlicher **Personaleinsatzvarianten** $PE (PE = 1, ..., P)$ wird auf Grundlage der Anzahl zu besetzender Arbeitsplätze und einzusetzender Mitarbeiter vorgenommen. Bei insgesamt J zu berücksichtigenden Arbeitsplätzen ($AP_1, ..., AP_J$) und Mitarbeitern ($MA_1, ..., MA_J$) ergeben sich somit $P = J!$ Personaleinsatzvarianten, für den Fall, dass jeder Mitarbeiter lediglich einem Arbeitsplatz zugeordnet wird, siehe links oben in Bild 5.7.
- Werden hingegen im Rahmen einer **Mehrfachqualifikation** $MF (MF = 1, ..., M)$ Arbeitsplatzwechsel durchgeführt, indem Arbeitsplätze durch mehrere Mitarbeiter besetzt werden, resultieren weitere Planungsszenarien, siehe links un-

ten in Bild 5.7. Hierbei sind Vorgaben der Mindesteinsatzdauer, Entfernung zum nächsten Arbeitsplatz oder zulässige Mitarbeiterkombinationen zu berücksichtigen.

Neben den Stellgrößen beeinflussen Störgrößen die zu betrachtenden Planungsszenarien. So sind einige Vorgaben zu Planungsbeginn nicht mit Sicherheit vorhersagbar, wie die Verfügbarkeit der Mitarbeiter oder die abzusetzende Produktionsmenge. Zur Absicherung der Planungsergebnisse sind entsprechend die Ausprägung beziehungsweise der Wertebereich der Störgrößen der PEP für den Betrachtungszeitraum festzulegen:

- Die **Verfügbarkeit** der Mitarbeiter $VF\,(VF = 100\,\%, ..., V)$ im Betrachtungszeitraum ist aufgrund geplanter oder ungeplanter Ereignisse, wie Krankheit, Urlaub oder durch den Einsatz in anderen Produktionssystemen abzuschätzen, siehe rechts oben in Bild 5.7. Die Verfügbarkeit gibt den Anteil an, in dem der Mitarbeiter im Betrachtungszeitraum zur Ausführung der Arbeitsaufgabe zur Verfügung steht. Der Wertebereich sowie die Schrittweite sind unternehmensindividuell festzulegen.
- Die Nachfrage und der Absatz eines Produkts sind bei Auslegung eines Produktionssystems unsicher. Aus diesem Grund sind die Planungsszenarien um die Störgröße **Fertigungsstückzahl** FS $(FS = 1, ..., F)$ zu erweitern, siehe rechts unten in Bild 5.7. Die Fertigungsstückzahl hat einen entscheidenden Einfluss auf den zu betrachtenden Zeitraum und eventuelle Skaleneffekte. So werden aufgrund der Lern- und Vergessenseffekte die durchschnittlichen Fertigungskosten durch die Fertigungsstückzahl beeinflusst. Auf Basis von Absatzprognosen sind Szenarien, zum Beispiel Worst- und Best-Case-Szenarien, beziehungsweise Wertebereich und Schrittweite zu bestimmen, um Planungsszenarien abzuleiten.

Nachdem die Stell- und Störgrößen inklusive Wertebereich und Ausprägung aufgestellt sind, werden die Ausprägungen der jeweiligen Größen zu Planungsszenarien vereint. Die Kombination zu Planungsszenarien erfolgt nach der in Bild 5.8 aufgeführten Logik. Zuerst werden die erste Fertigungsstückzahl- $(FS = 1)$, Verfügbarkeits- $(VF = 1)$ und Mehrfachqualifikationsausprägung $(MF = 1)$ mit den unterschiedlichen Personaleinsatzausprägungen vereint $(PE = 1, ..., P)$. Anschließend wird die zweite Mehrfachqualifikationsausprägung ausgewählt und das Vorgehen wiederholt, bis sämtliche Mehrfachqualifikationsvarianten abgearbeitet sind. Dann wird die zweite Verfügbarkeitsausprägung ausgewählt und erneut alle Mehrfachqualifikations- und Personaleinsatzvarianten gesetzt. Abschließend wird die zweite Fertigungsstückzahlausprägung ausgewählt und das Vorgehen wiederholt. Dies wird solange fortgesetzt, bis sämtliche Personaleinsatz-, Mehrfachqualifikations-, Verfügbarkeits- und Fertigungsstückzahlvarianten miteinander kombiniert worden sind.

Die Kombination zu vollständigen Planungsszenarien ist somit an die Vorgehensweise bei einer vollfaktoriellen Versuchsplanung angelehnt. Die Menge möglicher Planungsszenarien *PS* (*PS* = *1, ..., N*) umfasst sämtliche Szenarien, die sich aus Kombination der genannten Stell- und Störgrößen ergeben. Die Anzahl *N* kann folglich durch das Produkt aus *P, M, V,* und *F* berechnet werden. Je nach Ausgangsdatenbasis, zum Beispiel Anzahl Mitarbeiter, Anzahl Arbeitsplätze, variiert die Anzahl an Planungsszenarien. Um die Menge *N* auf einem praktikablen Maß zu halten, sind der Wertebereich sowie die Schrittweite durch den Entscheidungsträger entsprechend zu wählen.

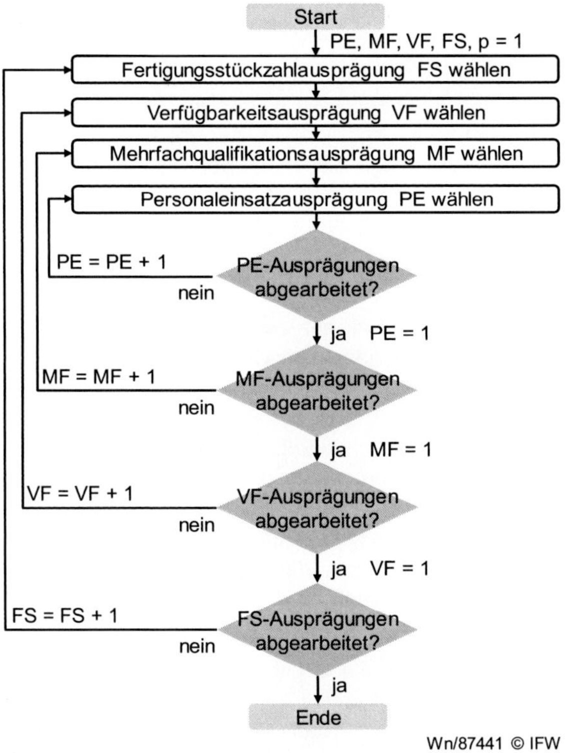

Bild 5.8: Algorithmus zur Aufstellung von Planungsszenarien

5.4 Kompetenzorientierte Fertigungssteuerung

Mithilfe der kompetenzorientierten Fertigungsplanung wird festgelegt, welche Mitarbeiter zukünftig für wie viele und welche Arbeitsplätze eingesetzt werden sollten. Die Planung bezieht sich dabei auf einen langfristigen Betrachtungszeitraum von mehreren Monaten, für den die zu fertigende Stückzahl und die Verfügbarkeit von Mitarbeitern abgeschätzt werden. Im Fokus steht somit die Identifikation der wirtschaftlichsten Einsatzflexibilität der Mitarbeiter, die sich durch die Besetzung von Arbeitsplätzen durch arbeitsintegrierte Lern- und Vergessensvorgänge erreichen lässt. Dynamische

Größen, wie die aktuelle Auslastung der Produktion, werden aufgrund der fehlenden Planungsgrundlage nicht berücksichtigt. Für kurzfristige Zeiträume, in denen hingegen konkrete Fertigungsaufträge vorliegen, muss der Personaleinsatzplan detailliert und auf weitere Zielgrößen, wie die Einhaltung von Lieferterminen, geprüft werden. Zu diesem Zweck wird in diesem Kapitel die kompetenzorientierte Fertigungssteuerung in Form einer operativen PEP entwickelt. Die Grundidee des Verfahrens besteht in einer situationsabhängigen Steuerung des personellen Arbeitseinsatzes. Eine getroffene Zuordnung von Mitarbeitern zu Arbeitsplätzen wird im Betrachtungszeitraum nicht mehr als unveränderlich angenommen, sondern für jeden Prozessschritt eines Auftrags situativ angepasst.

Das Verfahren lässt sich in zwei Stufen unterteilen. Die erste Stufe beinhaltet eine Analyse der gegebenen Fertigungssituation, zum Beispiel der Fertigungsauslastung auf Expertenbasis. Auf Grundlage dieser Beurteilung wird im Rahmen der zweiten Stufe eine personelle Zuordnung von Mitarbeitern vorgenommen. Hierzu werden ein Entscheidungsalgorithmus und Stellgrößen entwickelt, mit der der Benutzer die PEP situativ anpassen kann. Die Beurteilung der Fertigungssituation und die Reaktion der PEP werden anhand von zwei Extremen beschrieben:

- **Kritische Fertigungssituationen** sind für die betriebliche Fertigung von besonderer Bedeutung, da diese eine Gefährdung von auftragsbezogenen Zielvorgaben, zum Beispiel die Einhaltung des Liefertermins, signalisieren. Wird nach einem Prozessschritt, oder bereits zu Beginn der Auftragsdurchführung, eine kritische Fertigungssituation diagnostiziert, liegt es demnach im betrieblichen Interesse, Maßnahmen zu ergreifen, die zur Abschwächung der Gefahrenlage beitragen. Aus personeller Sicht besteht die effizienteste Maßnahme darin, die für die Bearbeitung des Auftrags noch ausstehenden Prozessschritte mit Mitarbeitern zu besetzen, die für die zugehörigen Arbeitstätigkeiten am leistungsfähigsten erscheinen.
- In **unkritischen Fertigungssituationen** liegen hingegen zeitliche und mengenmäßige Reserven vor. Dabei gilt es zu beachten, dass unkritische Situationen für den Betrieb nicht immer vorteilhaft sind. Wird ein Fertigungsauftrag beispielsweise deutlich zu früh abgeschlossen, muss dieser bis zum Termin der Auslieferung im Betrieb gelagert werden. Dies ist in der Regel mit einem zusätzlichen Kostenaufwand verbunden.

Im Rahmen der kompetenzorientierten Fertigungsplanung wurde der strategisch optimale Personaleinsatzplan, unter Berücksichtigung der langfristigen Kompetenzentwicklung, bestimmt. Dabei stellt sich das Problem, dass es vor allem zu Beginn eines Lernprozesses, aufgrund ungenügender Arbeitsplatzerfahrung, häufig zu Fehlhandlungen und zeitlichen Verzögerungen kommen kann. Die geeigneten Lernbedingungen für den Erwerb von arbeitsplatzspezifischen Kompetenzen ergeben sich folglich in unkritischen Fertigungssituationen. Der Algorithmus für die operative PEP muss entsprechend über eine Stellgröße verfügen, mit der sich in Abhängigkeit der Beurteilung der Fertigungssituation, der Personaleinsatzplan beeinflussen lässt.

Zur Effizienzsteigerung des Lernprozesses ist es zudem sinnvoll, einen unerfahrenen mit einem erfahrenen Mitarbeiter zusammen für einen Arbeitsprozess einzuplanen. Bei der praktischen Realisierung einer solchen Maßnahme kann der erfahrene dem unerfahrenen Mitarbeiter sein Prozesswissen weitergeben und bei konkreten Arbeitshandlungen korrigierend eingreifen. Die Möglichkeit und Auswirkung einer Zuweisung von zwei Mitarbeitern je Prozessschritt ist ebenfalls durch den Algorithmus zu berücksichtigen.

Im Folgenden werden zunächst der Ablauf der operativen PEP und die dazu notwendigen Eingangs-, Stell-, Stör- und Ausgangsgrößen beschrieben (Kapitel 5.4.1). Anschließend wird ein Entscheidungsalgorithmus zur PEP unter Verwendung dieser Größen dargestellt (Kapitel 5.4.2).

5.4.1 Herleitung der Einflussgrößen

Die kompetenzorientierte Fertigungssteuerung baut auf der technologieorientierten Reihenfolgeplanung und Terminierung der Fertigungsaufträge auf. Hieraus resultiert eine Prozessliste mit Start- und Enddatum als Eingangsgrößen. Die Aufgabe der kompetenzorientierten Auftragsfreigabe ist die anschließende PEP entsprechend der Zielstellung unter Berücksichtigung der aktuellen Fertigungssituation.

Eingangsgrößen

Für die Identifikation eines kompetenten Mitarbeiters ist eine Beschreibung des zuzuweisenden Prozesses anhand seiner Anforderungen an die Mitarbeiterkompetenz notwendig. Dazu werden einheitliche Merkmale sowie deren Ausprägung definiert, die zur Charakterisierung eines Prozesses ausgewählt werden. Die Merkmalsausprägungen eines Prozesses werden zu einem Anforderungsprofil zusammengefasst. Um dieses mit einem Kompetenzprofil vergleichen und eine Aussage über die Übereinstimmung treffen zu können, sind die Merkmalsausprägungen in quantitativer Form zu bewerten.

Hierzu werden zunächst aus den Arbeitsplänen die Merkmale und deren Ausprägung der einzelnen Prozesse abgeleitet. Zur Veranschaulichung wird ein einfaches Produktprogramm angenommen und anhand der zugehörigen Arbeitspläne die wesentlichen Anforderungen der jeweiligen Prozesse bestimmt. So werden innerhalb einer spanenden Fertigung zum Beispiel folgende Merkmale unterschieden:

- Produktspezifische Merkmale, zum Beispiel Werkstoff, Maße, Toleranzen
- Arbeitsplatzspezifische Merkmale, zum Beispiel Fertigungsverfahren, Maschinensteuerung

Zudem sind mögliche Ausprägungen der Merkmale festzulegen, zum Beispiel für das Merkmal Werkstoff Stahl, Aluminium oder Titan. Die notwendigen Kompetenzen zur Erfüllung der jeweiligen Merkmalsausprägung werden anhand der fünfstufigen Skala eingestuft, vergleiche Kapitel 2.4 [DRE87, DRE04, DQR09]. Die Anforderungen sowie die Wahl der einzelnen Merkmale und Ausprägungen sind durch den Entscheidungsträger individuell festzulegen und werden daher im Rahmen der Methodenentwicklung nicht weiter spezifiziert.

Anschließend werden die Merkmalsausprägungen m bezüglich ihrer Bedeutung priorisiert, um den Einfluss auf die Zielgrößenerreichung zu berücksichtigen. Bei einer differenzierten Prioritätensetzung werden die Merkmalsausprägungen je Prozess j dazu mit Gewichtungsfaktoren $w_{j,m}$ bewertet. Die Gewichtungsfaktoren lassen sich entweder direkt oder analytisch mithilfe einer Nutzwertanalyse festlegen. Bei der Nutzwertanalyse werden die Merkmale zunächst auf einer zehnstufigen Skala bewertet. Anschließend wird für jede Merkmalsausprägung einer Prozessanforderung $a_{j,m}$ eine relative Gewichtung g gemäß Gleichung 5.7 bestimmt.

$$g(a_{j,m}) = \frac{w_{j,m}}{\sum_m w_{j,m}} \tag{5.7}$$

Nachdem die Arbeitspläne hinsichtlich ihrer Kriterien analysiert wurden, sind die Kompetenzen der Mitarbeiter bezüglich dieser einzuschätzen. Dies kann, wie aus der empirischen Analyse hervorgegangen, am effektivsten durch den Vorgesetzten erfolgen. Die sich aus den Arbeitsplänen ergebenen Kompetenzanforderungen sind allesamt den Fachkompetenzen zuzuordnen, weshalb sich zunächst auf die Beurteilung dieser Kompetenzen beschränkt wird. Aufgrund der Erkenntnisse aus der empirischen Analyse, in der die Berücksichtigung dieser Kompetenzfacette als am einfachsten und wichtigsten bewertet wurde, lässt sich diese Konzentration legitimieren.

Die in den Kompetenzprofilen aufgeführten Merkmalsausprägungen $k_{i,m}$ müssen alle Merkmalsausprägungen der Anforderungsprofile $a_{j,m}$ enthalten. Nur so ist ein Abgleich zwischen Anforderungs- und Kompetenzprofilen möglich. Mithilfe des Vergleichs der quantifizierten Mindestanforderungen $B(a_{j,m})$ und Kompetenzen $B(k_{i,m})$ besteht die Möglichkeit zur Bestimmung der Mitarbeitereignung für einen Prozess. Im Fall der Erfüllung aller Kompetenzanforderungen wird dazu das Gewicht der geforderten Merkmalsausprägung $g(a_{j,m})$ des Prozesses j herangezogen, um den **Eignungswert** $E_{i,j}$ einer Mitarbeiter-Prozess-Kombination zu bestimmen. Dieser lässt sich gemäß Gleichung 5.8 berechnen.

$$E_{i,j} = \sum_m \left(g(a_{j,m}) \cdot B(k_{i,m})\right) \tag{5.8}$$

mit

$$B(a_{j,m}) \leq B(k_{i,m}) \tag{5.9}$$

<u>Stellgrößen</u>

Um die Kompetenzentwicklung in Situationen geringer Auslastung zu fördern, werden Mitarbeiter gezielt gefordert. Die Stellgröße **Lernkapazität** L_{Kapa} wird entsprechend als die zulässige Überforderung eines Mitarbeiters für einen Prozess definiert und ist unternehmensindividuell festzulegen. In dieser Arbeit wird von einer zulässigen Überforderung von einer Stufe ausgegangen, um negative Auswirkungen, wie Qualitätsmängel oder Demotivation auszuschließen. Jede Anforderung eines Prozesses wird mit den Mitarbeiterkompetenzen verglichen. Ist die Stufe der Mitarbeiterkompetenz $B(k_{i,m})$ gleich oder höher als die Prozessanforderung $B(a_{j,m})$, wird der Mitarbeiter nicht überfordert. Übersteigt die Prozessanforderung die Mitarbeiterkompetenz um maximal eine Stufe, ist der Mitarbeiter vom Prozess überfordert, aber in der Lage den Prozess zu lernen und auszuführen. Unter Umständen ist in diesem Fall die Anleitung eines Trainers erforderlich. Zur Ermittlung des **Überforderungsgrads** $Ü_{i,j}$ des Mitarbeiters i vom Prozess j wird der Quotient aus der Anzahl von überforderten und der Gesamtanzahl von Merkmalsausprägungen $|m|$ ermittelt:

$$Ü_{i,j} = \frac{\sum_m ü_m}{|m|} \tag{5.10}$$

mit

$$ü_m = \begin{cases} 1; wenn\ [B(a_{j,m}) - B(k_{i,m}) = 1] \\ 0; wenn\ [B(a_{j,m}) - B(k_{i,m}) < 1] \end{cases} \tag{5.11}$$

Ist eine Kompetenz eines Mitarbeiters zwei oder mehr Stufen geringer als die entsprechende Anforderung, so ist der Mitarbeiter nicht geeignet den Prozess auszuführen. Erfüllt ein Mitarbeiter hingegen alle Prozessanforderungen, kann dieser als Trainer eingesetzt werden. Um die Komplexität der Methode zu reduzieren, wird die Kompetenz des Trainers auf die fachliche Kompetenz eingeschränkt. Die sozialen Kompetenzen, wie die Lehrfähigkeit und -bereitschaft, werden als gegeben vorausgesetzt. Wird ein Mitarbeiter einem Prozess als Trainer zugewiesen, so beschreibt der **Traineranteil** T, zu welchem Anteil der Prozesszeit t_{Pj} dieser den Prozess aktiv begleitet. Wird der Traineranteil beispielsweise mit 0,5 angegeben, so beträgt der Zeitaufwand des Trainers A_T die Hälfte der geplanten Prozesszeit. Der Traineraufwand über alle Prozesse wird gemäß Gleichung 5.12 bestimmt.

$$A_T = T \cdot \sum_j t_{p_j} \tag{5.12}$$

Der **Entwicklungsanteil** E ist eine Stellgröße, die den zulässigen Anteil für die Kompetenzentwicklung am Arbeitsplatz bestimmt. Die zulässige Zeit für die Durchführung aller Prozesse wird um den anzugebenden Entwicklungsanteil erhöht, siehe Gleichung 5.13. Ergibt die Summierung aller Prozesszeiten beispielsweise 200 Stunden, so wird bei einem Entwicklungsanteil von 20 % ein zulässiger Zeitaufwand A_E von 240 Stunden für die Prozessdurchführung zur Verfügung gestellt.

$$A_E = (1 + E) \cdot \sum\nolimits_j t_{p_j} \tag{5.13}$$

Ausgangsgrößen

Das Ergebnis der operativen PEP stellt der **Personaleinsatzplan** dar, aus dem für jeden Prozess der zugewiesene Mitarbeiter und Trainer hervorgehen. Dieser wird durch die beschriebenen Stellgrößen entsprechend der Fertigungssituation angepasst. Zur Beurteilung der resultierenden Zuordnung wird die Ausgangsgröße **Mitarbeiteraufwand** A_{MA} bestimmt. Gemäß Gleichung 5.14 wird der benötigte Mitarbeiteraufwand für jeden besetzten Prozess j bestimmt und aufsummiert.

$$A_{MA} = \sum\nolimits_j t_{p_j} + \ddot{U}_j \cdot t_{p_j} \cdot (1 + T) \tag{5.14}$$

Als Prozesszeit t_{Pj} wird die Differenz zwischen Prozessende und Prozessstart verwendet. Die Prozessverlängerung bei einer vorliegenden Überforderung ergibt sich aus der Multiplikation der Prozesszeit mit dem Überforderungsgrad des eingesetzten Mitarbeiters. Somit resultiert ein linearer Zusammenhang zwischen Überforderung und Zeitaufwand mit einer maximalen Verlängerung der Prozesszeit um 100 %. Sollte ein Trainer zugewiesen sein, wird die verlängerte Prozesszeit ebenfalls um den Traineranteil T erweitert. Der Mitarbeiteraufwand beeinflusst die **Mitarbeiterauslastung** MA_{Aus}. Die Auslastung gibt den Anteil des Mitarbeiteraufwands an der Mitarbeiterarbeitszeit MA_{Zeit} im Betrachtungszeitraum an, vergleiche Gleichung 5.15.

$$MA_{Aus} = \frac{A_{MA}}{MA_{Zeit}} \tag{5.15}$$

Sofern alle zu erledigenden Tätigkeiten in der Prozessliste erfasst sind, kann die Auslastung maximiert werden, ohne negative Effekte zu erzeugen. Werden hingegen allgemeine und zeitlich flexible Tätigkeiten, wie Ordnung und Sauberkeit am Arbeitsplatz nicht durch die Prozessliste abgedeckt, sind entsprechende Freiräume vorzuhalten.

Neben der Mitarbeiterauslastung wird durch die Wahl der Stellgrößen der Nutzen in Form der Kompetenzentwicklung beeinflusst. Der **Lerngewinn** G_l einer Prozessdurchführung lässt sich anhand von Lernkurven messen, vergleiche Kapitel 5.2. In Abhängigkeit des Überforderungsgrads steigt der Lerngewinn äquivalent zur Lernzeit an. Je mehr Prozessanforderungen einen Mitarbeiter überfordern, desto mehr Kompetenzen muss ein Mitarbeiter bei der Prozessdurchführung einsetzen. Der Lerngewinn kann somit auf Basis des Personaleinsatzplans vorab kalkuliert werden, indem der durchschnittliche Überforderungsgrad über die Anzahl aller zugewiesenen Prozesse $|J|$ gemäß Gleichung 5.16 bestimmt wird.

$$G_L = \frac{1}{|J|} \cdot \sum_j Ü_j \qquad (5.16)$$

Als weiteres Ziel der operativen PEP gilt es, für möglichst viele Prozesse einen kompetenten Mitarbeiter zuzuweisen. Die **Zuordnungsquote** Z_{Quote} stellt den Anteil der zugeordneten Prozesse dar. Nicht zugewiesene Prozesse müssen durch Überstunden oder zusätzliche Mitarbeiter ausgeführt werden, damit Wartezeiten und Verzögerungen vermieden werden. Eine hohe Zuordnungsquote stellt somit eine hohe Termintreue und niedrige Fertigungskosten sicher.

5.4.2 Algorithmus zur operativen Personaleinsatzplanung

Die beschriebenen Eingangs-, Stell- und Ausgangsgrößen werden innerhalb des Algorithmus zur operativen PEP verwendet. Dieser lehnt sich an den Ablauf des V&V-Algorithmus an, vergleiche Kapitel 2.3. Zunächst werden der allgemeine Informationsfluss und anschließend die einzelnen Schritte im Detail erläutert. In Bild 5.9 ist der Ablauf und Informationsfluss dargestellt.

Als Eingangsgrößen werden die Auftrags- und Mitarbeiterinformationen importiert. Zu den Auftragsinformationen gehören die Prozesse mit Start- und Enddatum sowie deren Anforderungsprofile. Die Mitarbeiterinformationen umfassen die zuzuweisenden Mitarbeiter, deren zeitliche Verfügbarkeit und Kompetenzprofile. Durch den Fertigungsplaner sind die Stellgrößen Traineranteil, Entwicklungsbudget und Lernkapazität festzulegen.

Nach dem Import der Eingangs- und Stellgrößen werden der Eignungswert und der Überforderungsgrad der Mitarbeiter für die einzelnen Prozesse berechnet. Im nächsten Schritt erfolgt eine Sortierung der Prozessliste nach einer Prioritätsregel, durch die die Reihenfolge der Prozessvergabe festgelegt wird.

Mithilfe der sortierten Prozessliste und unter Verwendung der Lernkapazität erzeugt der Algorithmus die Startzuordnung von Mitarbeitern zu Prozessen. Die getroffene Zuordnung wird durch die Ausgangsgrößen Mitarbeiteraufwand und Lerngewinn beurteilt. Sind die Bedingungen nicht eingehalten, beginnt eine Schleife mit dem Zurückziehen einzelner Mitarbeiterzuweisungen. Dadurch wird der Mitarbeiteraufwand zusammen mit dem Lerngewinn reduziert. Ist eine Gesamtzuordnung erreicht, die den gestellten Bedingungen entspricht, werden die Ausgangsgrößen und der Personaleinsatzplan exportiert. Im Folgenden werden die Schritte Aufträge priorisieren, Mitarbeiter zuordnen, Restriktionen prüfen und Mitarbeiter tauschen näher erläutert.

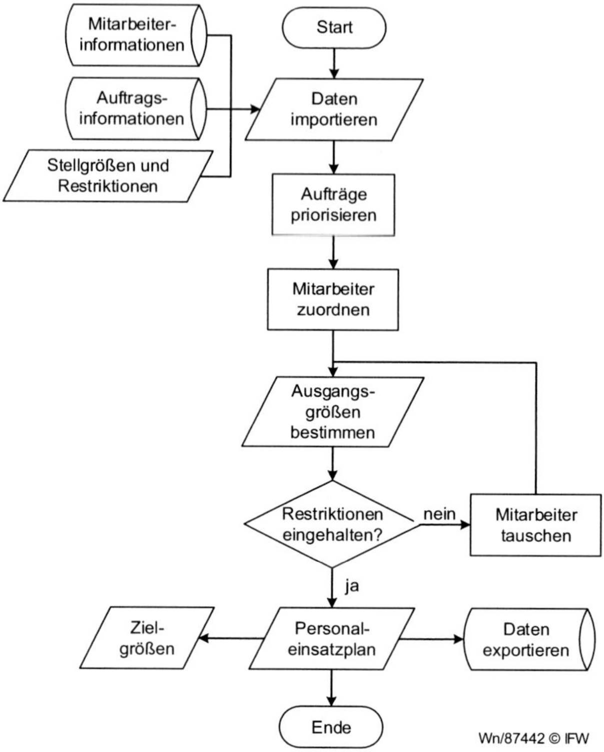

Bild 5.9: Ablauf und Informationsfluss des Algorithmus

Aufträge priorisieren

In diesem Schritt wird die Prozessliste vorbereitet, um für möglichst viele Prozesse einen kompetenten Mitarbeiter zu finden. Dazu werden die Prozesse mithilfe einer Prioritätsregel sortiert. Für den zu entwickelnden Algorithmus gilt, dass möglichst wenige Einschränkungen durch eine Zuordnung für die weiteren Zuteilungen entstehen sollen, um eine hohe Zuordnungsquote zu erzielen. Im Fall der kompetenzorientierten Fertigungssteuerung sind Prozesse mit hohen Anforderungen daher von besonderer Bedeutung. Bei diesen Prozessen ist eine geringere Anzahl an Mitarbeitern zu erwarten, die den Prozess ausführen können. Durch die Sortierung nach diesem Kriterium wird eine Engpassbildung an kompetenten Mitarbeitern reduziert. Als Kennzahl der Schwierigkeit wird der **quadratische Mittelwert** $\bar{A}_j$ der bewerteten Anforderungen $B(a_{j,m})$ des Prozesses j gemäß Gleichung 5.17 herangezogen.

$$\bar{A}_j = \sqrt{\frac{1}{|M|} \cdot \sum_m B(a_{j,m})^2} \tag{5.17}$$

Dieser stellt im Vergleich zum arithmetischen Mittelwert sicher, dass Prozesse mit besonders hohen Einzelanforderungen zuerst zugeordnet werden. Beispielsweise wird ein Prozess mit einer besonders hohen Anforderung von fünf und einer niedrigen Anforderung von eins stärker gewichtet als ein Prozess mit zwei durchschnittlichen Anforderungen von drei.

<u>Mitarbeiter zuordnen</u>

Nach der Sortierung der Prozessliste werden die Mitarbeiter den Prozessen zugeordnet, sodass möglichst vielen Prozessen ein kompetenter Mitarbeiter zugewiesen wird. Die Auswahl der Mitarbeiter erfolgt anhand einer Prüfung auf harte Kriterien sowie einer Priorisierungsregel. Der logische Ablauf ist in Bild 5.10 dargestellt.

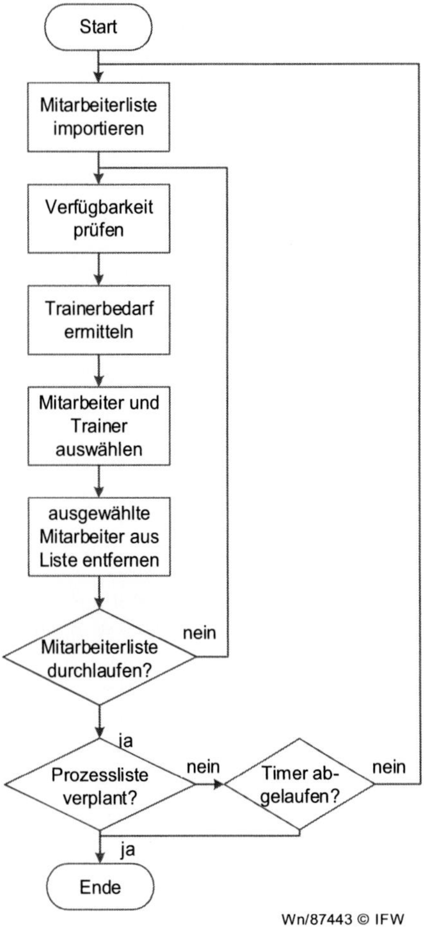

Bild 5.10: Zuordnung von Mitarbeitern zu Prozessen

Zur Reduzierung der Mitarbeiterliste wird diese zunächst auf die Kriterien Verfügbarkeit und Prozessbeherrschung geprüft. Die zeitliche Verfügbarkeit zwischen dem Prozessbeginn und Prozessende ist für eine zulässige Mitarbeiterzuweisung zwingend notwendig. Dazu wird die Start- und Endzeit des vergebenden Prozesses mit den Zeiten der Prozesse verglichen, die den Mitarbeitern bereits zugewiesen wurden. Sollten sich die Zeiten eines bereits zugeordneten Prozesses mit dem aktuellen Prozess überschneiden, wird dieser Mitarbeiter aus der Liste gelöscht. Damit die Prozessbeherrschung durch einen Mitarbeiter sichergestellt wird, ist die Erfüllung der Prozessanforderungen zu prüfen. Dazu ist die Lernkapazität mit dem Überforderungsgrad über alle Prozessanforderungen abzugleichen. Sofern die eingestellte Lernkapazität größer ist als der Überforderungsgrad, ist eine Zuordnung des Mitarbeiters möglich.

Nach erfolgter Reduzierung der Mitarbeiterliste wird anhand einer Zuordnungsregel ein Mitarbeiter aus der Liste dem Prozess zugewiesen. Die Regel sucht für jeden Prozess den Mitarbeiter, dessen Überforderungsgrad möglichst nahe an der vorgegebenen Lernkapazität liegt, diese aber nicht überschreitet. Zudem ermittelt sie einen Trainer, falls der zugewiesene Mitarbeiter einen positiven Überforderungsgrad aufweist. Mögliche Trainer müssen zeitlich verfügbar und dürfen darüber hinaus nicht vom Prozess überfordert sein.

Danach wird ein Mitarbeiter und, im Falle einer Überforderung, ein Trainer ausgewählt und anschließend aus der aktuellen Mitarbeiterliste gelöscht. Dadurch soll eine gleichmäßige Verteilung der Prozesse auf die Mitarbeiter erreicht werden. Bei jedem Durchlauf der Prozessliste kann ein Mitarbeiter nur einem Prozess, unabhängig von seiner zeitlichen Verfügbarkeit, zugeordnet werden. Danach wird überprüft, ob die Zuordnung vollständig ist. Sollte dies nicht der Fall sein, wird die Mitarbeiterliste erneut importiert und die Zuordnung beginnt erneut. Diese Schleife wird durch das Erreichen der vollständigen Zuordnung aller Prozesse oder des Limits, als zeitlichen Grenzwert für den Algorithmus, verlassen.

Restriktionen prüfen und Mitarbeiter tauschen

Um die Einhaltung der definierten Restriktionen zu prüfen, werden die Ausgangsgrößen der gefundenen Startzuordnung bestimmt. Dazu wird die Zuordnung anhand des resultierenden Mitarbeiteraufwands gemäß Gleichung 5.14 bewertet. Dieser wird dem zulässigen Zeitaufwand gegenübergestellt, der mithilfe der Stellgröße Entwicklungsanteil nach Gleichung 5.13 als Restriktion durch den Planer festgelegt wird. Liegt der Zeitaufwand der Startzuordnung über dem zulässigen Zeitaufwand, reduziert der Algorithmus schrittweise den Mitarbeiteraufwand durch Vertauschungen der Mitarbeiterzuordnung bis das Zeitbudget unterschritten oder eine maximale Anzahl an Zyklen erreicht ist. Eine maximale Anzahl von Zyklen dient der zeitlichen Begrenzung des Algorithmus, sollte eine Unterschreitung des Zeitbudgets nicht möglich sein.

Zur schrittweisen Reduzierung des Mitarbeiteraufwands wird die Differenz zwischen dem zulässigen Zeitaufwand und dem aktuellen Mitarbeiteraufwand errechnet. Diese Differenz wird mit den Mitarbeiteraufwänden je Prozess verglichen. Der Prozess, dessen Mitarbeiteraufwand dieser Differenz am nächsten liegt, wird neu zugeordnet. Dadurch wird sichergestellt, dass mit möglichst wenigen Vertauschungen eine zulässige Lösung gefunden wird. Es wird die Verfügbarkeit von Mitarbeitern für den neu zuzuordnenden Prozess geprüft und der aktuell zugeordnete Mitarbeiter aus dieser Liste entfernt. Darauf folgt das Vorschlagen eines neuen Mitarbeiters und gegebenenfalls eines Trainers auf die bereits beschriebene Weise. Dieser Vorgang wird bis zum Erreichen des Zeitbudgets oder der maximalen Zahl an Zyklen wiederholt. Zuletzt werden die Ausgangsgrößen ausgegeben und dem Planer zur Verfügung gestellt.

6 Anwendung und Erforschung der Methoden

Nach der Beschreibung der kompetenzorientierten Fertigungsplanung und -steuerung wird im Folgenden deren Anwendung und Erforschung dargestellt, um die Erreichung der Zielsetzung zu beurteilen. Aufgrund des unterschiedlichen Betrachtungshorizonts werden die Teilmethoden getrennt voneinander untersucht. Zur Anwendung in der Praxis wurden diese jeweils in ein rechnergestütztes Werkzeug umgesetzt. Während die kompetenzorientierte Fertigungsplanung in ein Simulationsmodell übertragen wurde, erfolgte die Umsetzung der kompetenzorientierten Fertigungssteuerung in das Tabellenkalkulationsprogramm Microsoft Excel. Zur Anwendung und Erforschung der Methoden wurden Kooperationen mit zwei Unternehmen eingegangen.

Bei dem ersten Unternehmen handelt es sich um einen Hersteller von Haushaltsgeräten mit einer Reihenfertigung und einem hohen Anteil an manuellen Tätigkeiten. Zum Zeitpunkt der Kooperation wurde die Errichtung einer neuen Fertigungslinie geplant. Da dem Unternehmen der hohe Einfluss des Mitarbeiters in der Produktion bekannt ist, soll der langfristig kostenoptimale Personaleinsatzplan ermittelt werden. Insbesondere galt es, die begrenzte zeitliche Verfügbarkeit der Mitarbeiter zu berücksichtigen, da diese ebenfalls an anderen Fertigungslinien eingesetzt werden. Zur Steigerung der Mitarbeiterflexibilität wurde eine Mehrfachqualifikation der Mitarbeiter durch regelmäßige Arbeitsplatzwechsel verfolgt. Weiterhin war zum Zeitpunkt der Planung die zu fertigende Stückzahl unbekannt, weshalb diese als zweite Unbekannte berücksichtigt wurde. Aufgrund des hohen Einflusses des Mitarbeiters liegt in dem Unternehmen ein breites Erfahrungswissen über die Vorgänge des Lernens und Vergessens der Mitarbeiter vor. Zur Berücksichtigung des Mitarbeitereinflusses und dessen Entwicklung in der kompetenzorientierten Fertigungsplanung wurden die Zusammenhänge daher auf Basis von Erfahrungswissen hergeleitet (Kapitel 6.1).

Das zweite Unternehmen fertigt Gewindeteile und ist nach dem Verrichtungsprinzip als Werkstattfertigung organisiert. Aufgrund der hohen Variantenvielfalt und kleinen Losgrößen liegen in Anlehnung an die empirische Studie hohe Potenziale für die Berücksichtigung von Mitarbeiterkompetenzen vor. So setzt das Unternehmen zur Fertigungssteuerung bereits ein MES, verknüpft mit einem ERP und einer BDE, ein. Mit diesen Systemen werden die aktuellen Aufträge und die notwendigen Prozesse auf die Arbeitsplätze verteilt. Die Feinterminierung der Prozesse erfolgt auf Basis von Sollzeiten und der Maschinenverfügbarkeit. Der Mitarbeiter wird in diesen Systemen lediglich anhand seiner Arbeitszeit berücksichtigt. In der Folge wird die Zuweisung der Mitarbeiter manuell durch den Fertigungsleiter durchgeführt. Bei über 30 Mitarbeitern und Arbeitsplätzen ist dieses mit einem hohen Aufwand und, im Fall von dynamischen Einflüssen, mit Produktivitätsverlusten verbunden. Daher bestand die Anforderung, die Ressource Mitarbeiter und deren Auswirkungen anhand unterschiedlicher Auftragssituationen zu testen. Da innerhalb der BDE der Start und das Ende von Prozessen vom Mitarbeiter an das MES gemeldet werden, wurde die Beschreibung des Mitarbeitereinflusses und dessen Entwicklung durch die Auswertung von Betriebsdaten verwendet (Kapitel 6.2).

6.1 Kompetenzorientierte Fertigungsplanung in einer Reihenfertigung

Zur Validierung und Evaluierung wurde die entwickelte Methode zur kompetenzorientierten Fertigungsplanung in einen Demonstrator umgesetzt (Kapitel 6.1.1). Danach wurden die unternehmensspezifischen Eingangs- und Stellgrößen des Herstellers von Haushaltgeräten mit Reihenfertigung aufgenommen (Kapitel 6.1.2). Anschließend werden die Erkenntnisse und Grenzen der Methodik aufgrund der Methodenanwendung beschrieben. Zur Verifikation des Modells werden die Auswirkungen der Stellgrößen Personaleinsatzplan und Mehrfachqualifikation auf die Kompetenzentwicklung auf Plausibilität geprüft. (Kapitel 6.1.3). Die Untersuchung des Einflusses der Störgrößen auf die PEP erfolgt anschließend durch die zusätzliche Variation der Mitarbeiterverfügbarkeit und Fertigungsstückzahl (Kapitel 6.1.4).

6.1.1 Umsetzung in ein Simulationsmodell

Die Umsetzung der kompetenzorientierten Fertigungsplanung erfolgte in der ereignisorientierten Simulationsumgebung mithilfe der Software Siemens Plant Simulation und der systemeigenen Programmiersprache SimTalk. In dem Simulationsmodell werden die Fertigungsstrukturen und -abläufe des Anwendungsszenarios durch die Bearbeitungsstationen und den Materialfluss abgebildet. Zufallsgesteuerte Ereignisse, wie der Ausfall eines Mitarbeiters durch Krankheit oder Einsatz in anderen Produktionsbereichen, werden durch die Verfügbarkeit und mittlere Ausfalldauer abgebildet. Im Folgenden werden das ereignisorientierte Simulationsmodell anhand seiner Elemente und deren Funktion beschrieben, vergleiche Bild 6.1. Insbesondere wird die Überführung der Effekte für das Lernen und Vergessen und deren Auswirkung auf die Ausgangsgrößen in das Modell dargestellt.

Der Materialfluss in den einzelnen Bearbeitungsstationen wird durch die Systemgrenzen Eingang und Ausgang, die Ein- und Ausgangspuffer, die Arbeitsstation sowie den Arbeitsplatz beschrieben. Um den Arbeitsplätzen Mitarbeiter zuzuweisen, werden dem Modell die Bausteine Broker, WerkerPool und Schichtkalender hinzugefügt. Zum Ein- und Auslesen von Eingangs- und Ausgangsdaten werden die drei Methodenbausteine Init, Reset und EndSim im Hauptnetzwerk angelegt. Die unternehmensindividuell festzulegenden Daten werden in Tabellen gesammelt. Diese enthalten einerseits die Vorgabezeit jeder Bearbeitungsstation in Abhängigkeit des zu bearbeitenden Produkts. Andererseits werden die Kostensätze je Bearbeitungsstation und Mitarbeiter eingetragen.

Zur Implementierung der Mitarbeiterkompetenzen und der Modelle des Lernens und Vergessens wurden weitere Tabellen angelegt sowie der Funktionsumfang der eingefügten Bausteine erweitert. Innerhalb der Kompetenzmatrix werden alle Mitarbeiter und deren aktueller Leistungsgrad eingetragen. Mithilfe des Versuchsplans wird festgelegt, auf welchen Bearbeitungsstationen ein Mitarbeiter prinzipiell eingesetzt werden kann. Der Broker prüft beim Eingang eines Produkts in eine Bearbeitungsstation, ob es Mitarbeiter gibt, die verfügbar und für den Einsatz auf der jeweiligen Arbeitsstation einsetzbar sind. Ist dies laut Versuchsplan nicht der Fall, wird eine erneute Prüfung durchgeführt, sobald ein Mitarbeiter einen Prozess abgeschlossen hat. In diesem Zeitraum verbleibt das Produkt auf der Bearbeitungsstation, sodass Wartezeiten entstehen. Somit übernimmt der Broker die Funktion der Mitarbeiterzuordnung.

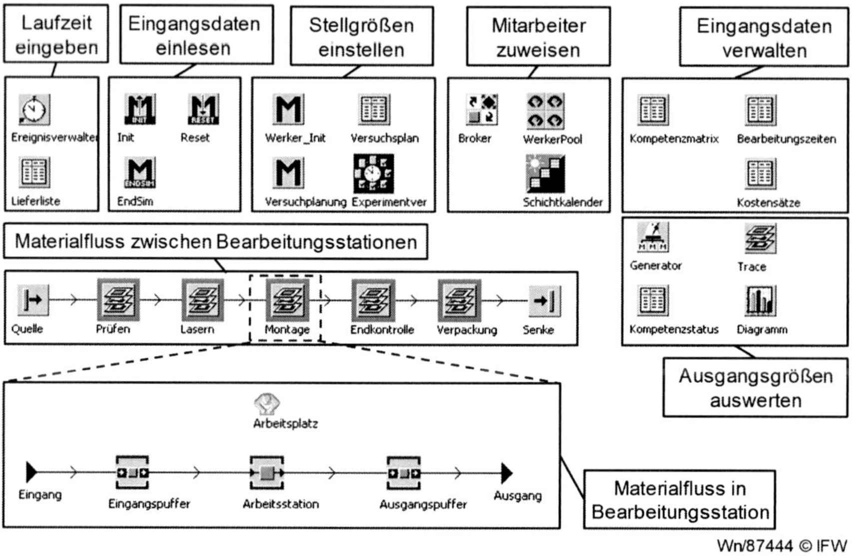

Bild 6.1: Elemente und Funktionen des Simulationsmodells

Um die Kompetenzentwicklung und die Fertigungskosten bestimmen zu können, sind für jeden Mitarbeiter beziehungsweise jedes Produkt folgende Kennzahlen zu erfassen:

- **Anzahl Ausführungen**: Für jeden Mitarbeiter werden die Ausführungen an einer Bearbeitungsstation ohne Unterbrechung gezählt.
- **Kompetenzwert**: Anhand der Anzahl an Ausführungen wird der Leistungsgrad nach dem Ende der Bearbeitung an einer Station entsprechend der Lernkurve angepasst.
- **Letzte Ausführung**: Der Zeitstempel der letzten Ausführung dient zur Berechnung der Dauer zwischen aktueller Zeit und letzter Ausführung. Dies ist für die Vergessenskurve wichtig, da sie zeitdiskret ist. Im Gegensatz dazu benötigt die Lernkurve die Anzahl der Ausführungen.

Sobald ein Mitarbeiter einer Bearbeitung zugewiesen wird, bestimmt die Simulation den aktuellen Leistungsgrad. Hierzu wird der Zeitpunkt des letzten Einsatzes an der Bearbeitungsstation genutzt. Entsprechend der Vergessenskurve wird der aktuelle

Leistungsgrad bestimmt und die mitarbeiterindividuelle Bearbeitungszeit gesetzt. Nach der Durchführung der Bearbeitung wird der Leistungsgrad entsprechend der Lernkurve angepasst.

Die Kompetenzentwicklung und Fertigungskosten werden ereignis- und zeitdiskret ausgewertet. Dazu wird die Kompetenz je Mitarbeiter in definierten Zeitabständen durch einen Generator erfasst und gespeichert. In diesen werden ebenfalls die Kostenbestandteile (Personal- und Maschinenkosten beziehungsweise Warte- und Arbeitskosten) für jedes Produkt beim Verlassen der Senke kalkuliert. Für die Bestimmung der Kostenbestandteile sind neben den Kostensätzen für jedes Produkt die Zeitanteile auf den einzelnen Bearbeitungsstationen zu erfassen. Dazu werden folgende Attribute aufgezeichnet:

- **Eintritt- und Austrittszeit**: Wenn ein Produkt in die Bearbeitungsstation eintritt beziehungsweise aus dieser austritt, wird der Zeitpunkt erfasst. Der Abstand beschreibt die Warte- und Arbeitszeit je Bearbeitungsstation. Mithilfe des Maschinenkostensatzes werden so die Maschinenkosten kalkuliert.
- **Bearbeitungsbeginn und -ende**: Zur Berechnung der Personalkosten ist die Arbeitszeit erforderlich. Daher werden ebenfalls die Zeitpunkte aufgenommen, zu denen ein Mitarbeiter den Arbeitsplatz zur Bearbeitung besetzt beziehungsweise diesen nach der Ausführung verlässt.

6.1.2 Erfassung der Eingangs- und Stellgrößen

Um die Methode beim Haushaltegerätehersteller zu erforschen, ist es erforderlich, die relevanten Eingangs- und Stellgrößen aufzunehmen. Daher wird das betrachtete Anwendungsszenario durch die Referenzprodukte sowie die Prozesskette zu deren Herstellung beschrieben.

<u>Darstellung der Referenzprodukte und -prozesskette</u>

Im betrachteten Anwendungsszenario werden Produkte in einer festgelegten Produktionsreihenfolge hergestellt. Der Bereich ist durch viele manuelle Tätigkeiten und wenige, durch Anlagen vorgegebene, Hauptzeiten gekennzeichnet. Der Output des Arbeitssystems ist maßgeblich von den darin eingesetzten Mitarbeitern und deren Kompetenzen abhängig. Insgesamt entspricht der Bereich denen einer wissensintensiven Produktion, in dem der wirtschaftliche Erfolg vom zielgerichteten Einsatz der Mitarbeiter abhängt.

Bild 6.2: Prozesskette der betrachteten Reihenfertigung

Die in Bild 6.2 dargestellte Prozesskette zeigt die betrachtete Prozessabfolge. Eine Analyse der Stammdaten des Bereichs im ERP-System hat ergeben, dass hier mehrere hundert Produktvarianten gefertigt werden. Für die Erforschung der Methode genügt die Kenntnis über die durchschnittliche Belastung der Bearbeitungsstationen über alle Produktvarianten. Aus diesem Grund werden zwei Referenzprodukte ausgewählt, die eine repräsentative Belastung der Bearbeitungsstationen anhand ihrer Bearbeitungszeit darstellen. Als erstes Referenzprodukt wird eine Variante gewählt, die in ihrem Arbeitsaufwand über die einzelnen Bearbeitungsstationen gering ausfällt. Das Referenzprodukt zwei zählt zu den aufwendigsten Varianten, die den Bereich durchlaufen, vergleiche Bild 6.3.

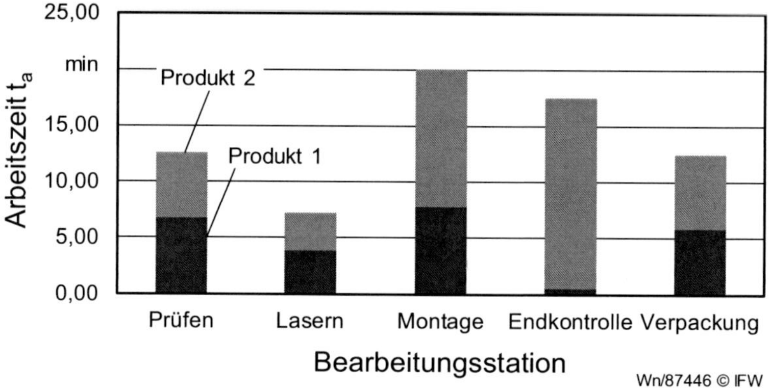

Bild 6.3: Belastung der Bearbeitungsstationen durch die Referenzprodukte

Die Summe der Arbeitszeit je Station ermöglicht die Analyse der sich ergebenden Ausgangsgrößen in Abhängigkeit des Personaleinsatzes. Die Stationen Montage und Endkontrolle beinhalten einen hohen Arbeitsaufwand und stellen somit potenzielle Engpässe dar. Der Laser umfasst hingegen die geringsten durchschnittlichen Arbeitszeiten.

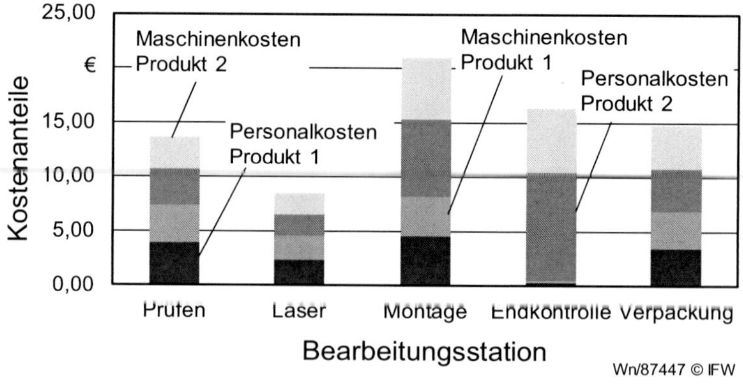

Bild 6.4: Personal- und Maschinenkostensätze der Bearbeitungsstationen

Um eine geeignete Ausgangsgröße für das Simulationsmodell bestimmen zu können, sind realistische Kostensätze notwendig. In Absprache mit dem Rechnungswesen und Controlling wurden die Kostensätze für die jeweiligen Bearbeitungsstationen in Form von Maschinenstundensätzen erarbeitet. Die Stundenlöhne der zu betrachtenden Mitarbeiter sind im Vergleich dazu innerhalb des Produktionsbereichs konstant. Die Anteile der Maschinen- und Personalkosten je Produkt bildet Bild 6.4 ab.

Durch die summierten Kostenanteile ist zu erkennen, dass die höchsten Fertigungskosten in der Montage entstehen. Danach folgen die Stationen zur Endkontrolle, Verpackung, Prüfung sowie zum Lasern. Mithilfe der Rangfolge der Kostentreiber lassen sich die Personaleinsatzpläne innerhalb der kompetenzorientierten Fertigungsplanung analysieren.

Prognose der Kompetenzentwicklung

Als Eingangsgrößen der kompetenzorientierten Fertigungsplanung wurde der Zusammenhang der Mitarbeiterkompetenz und der Erfüllung der Bezugsleistung auf Basis von Expertenwissen hergeleitet, vergleiche Kapitel 5.2.2. Die Abteilung der Zeiterfassung schätzt hierzu die Anzahl an Ausführungen für das Erreichen des Anteils der Bezugsleistung ab. Dabei werden drei unterschiedliche Lerntypen gemäß Kapitel 5.2.2 unterschieden. Mithilfe der Referenzpunkte lassen sich unabhängige Potenzfunktionen zweiten Grades interpolieren, sodass sich die Lernkurven gemäß Bild 6.5 ergeben.

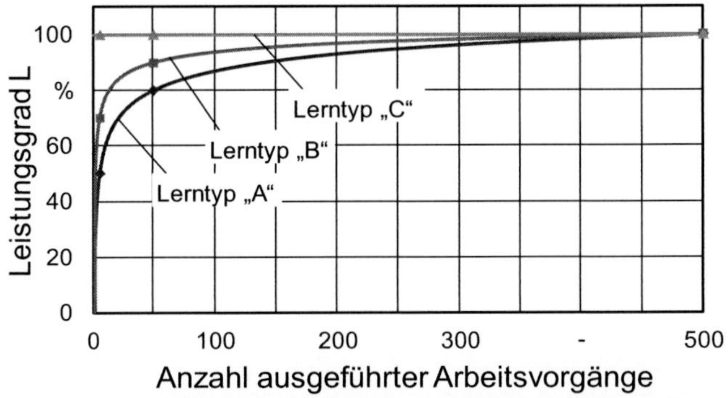

Ausführungen	Lerntyp „A“	Lerntyp „B“	Lerntyp „C“
n = 5	50 %	70 %	100 %
n = 50	80 %	90 %	100 %
n = 500	100 %	100 %	100 %

Wn/87448 © IFW

Bild 6.5: Parametrierte Lernkurve nach Lerntypen im Anwendungsszenario

Durch die Rotation der Mitarbeiter zwischen verschiedenen Produktionsbereichen in der Vergangenheit kann die Abteilung der Zeiterfassung zudem einschätzen, wie stark der Effekt des Vergessens auftritt. Die Abteilung ist der übereinstimmenden Meinung, dass Vergessensprozesse bei Mitarbeitern des Typs „B“ beziehungsweise

„C“ erst nach Wochen beziehungsweise Monaten einen signifikanten Einfluss auf die Leistung haben. Vergessenstyp „A“ ist hiervon ausgenommen, da er sich noch in der Anlernphase befindet und Vergessenseffekte bereits nach einem Tag auftreten. Entsprechend werden Referenzpunkte für das Abnehmen der Erfüllung der Bezugsleistung abgeleitet. Mithilfe dieser Referenzpunkte werden wiederum Vergessenskurven interpoliert, vergleiche Bild 6.6. Der Wertebereich liegt zwischen 1 und 90 Tagen, da in Zeiträumen ohne Ausführung unter einem Tag kein Vergessen auftritt.

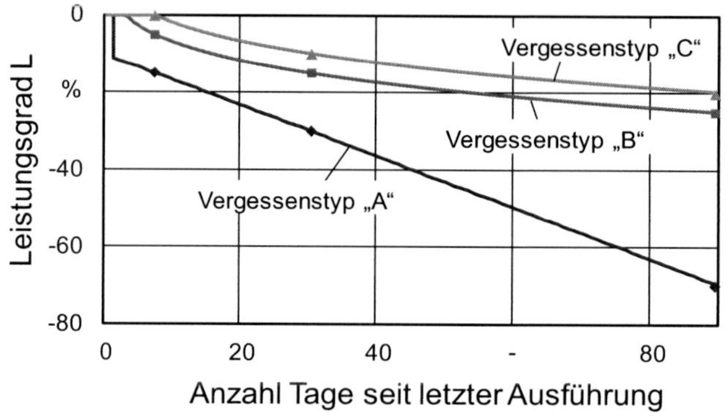

Zeitraum ohne Ausführung	Vergessens-typ „A“	Vergessens-typ „B“	Vergessens-typ „C“
1 Woche	-20 %	-5 %	0 %
1 Monat	-30 %	-15 %	-10 %
3 Monate	-70 %	-25 %	-20 %

Wn/87449 © IFW

Bild 6.6: Referenzpunkte und Vergessenskurven im Anwendungsszenario

Bewertung der Mitarbeiterkompetenzen

Zudem werden die Mitarbeiter anhand einer Kompetenzmatrix beschrieben. Anhand dieser wird die Bewertung der Kompetenzmerkmale hinsichtlich der Arbeitsplätze (Fachkompetenzen) sowie des Lernens und Vergessens (Personalkompetenzen) angegeben. In das aus fünf Arbeitsplätzen bestehenden Planungsszenario werden fünf Mitarbeiter eingesetzt. Diese stammen aus einem anderen Produktionsbereich und verfügen daher zu Beginn über keine Erfahrung und Fachkompetenz. Hinsichtlich der Personalkompetenz liegen jedoch Unterschiede vor, siehe Tabelle 6.1.

Die Arbeits- und Pausenzeiten des Produktionsbereichs und der Mitarbeiter werden innerhalb des Schichtkalenders festgelegt. Im betrachteten Anwendungsszenario wird werktags in einer Frühschicht von 6:00 Uhr bis 14:00 Uhr mit einer Pause von 20 Minuten produziert. Am Wochenende findet keine Schicht statt, sodass hier zusätzliche Vergessenseffekte auftreten.

Tabelle 6.1: Kompetenzmatrix

Merkmal	Wert MA 1	Wert MA 2	Wert MA 3	Wert MA 4	Wert MA 5
Prüfen	0 %	0 %	0 %	0 %	0 %
Lasern	0 %	0 %	0 %	0 %	0 %
Montage	0 %	0 %	0 %	0 %	0 %
Endkontrolle	0 %	0 %	0 %	0 %	0 %
Verpackung	0 %	0 %	0 %	0 %	0 %
Lerntyp	A	A	B	B	B
Vergessenstyp	A	B	A	B	B

Aufstellung von Versuchsplänen

Neben den dargestellten Eingangsgrößen werden die Wertebereiche und die Schrittweite der zu berücksichtigenden Stellgrößen festgelegt. Die fünf Arbeitsplätze und Mitarbeiter stellen die Variablen innerhalb der PEP dar. Für einen vollfaktoriellen Versuchsplan ergeben sich 120 Planungsszenarien, siehe links in Bild 6.7.

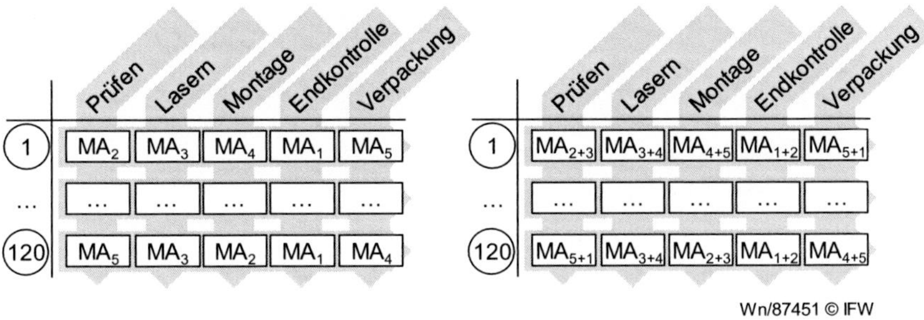

Bild 6.7: Planungsszenarien durch Variation des Personaleinsatzplans

Wird hingegen im Rahmen der Mehrfachqualifikation die Möglichkeit eingeräumt, einem Arbeitsplatz mehrere Mitarbeiter zuzuweisen, entstehen weitere Planungsszenarien. Zur Reduzierung des Aufwands für die Versuchsdurchführung auf ein praktikables Maß, werden nur Mitarbeiter mit zusammenhängenden Mitarbeiternummern für den selben Arbeitsplatz zugelassen. Die Anzahl zusätzlicher Mitarbeiter steigt entsprechend der Vielfachqualifikation. Für die 2-, 3- und 4-fach Qualifikation entstehen somit dreimal 120 weitere Planungsszenarien, siehe rechts in Bild 6.7. Eine 5-fach Qualifikation entspricht einer zufälligen Mitarbeiterzuordnung und wird durch ein weiteres Planungsszenario repräsentiert.

Nachdem die notwendigen Größen des Anwendungsszenarios erfasst und in das Simulationsmodell übertragen wurden, werden im Folgenden die Ergebnisse der angewandten Planungsmethode dargestellt und erläutert. Zur Untersuchung der

Einflussgrößen der kompetenzorientierten Fertigungsplanung werden verschiedene Szenarien betrachtet. Dazu wird die Verfügbarkeit der Mitarbeiter (Szenario 1 und 2) sowie die zu produzierende Stückzahl (Szenario 3 und 4) variiert und die Auswirkungen auf die Ausgangsgrößen herausgearbeitet. Für jedes Szenario wird die Kombination an Stellgrößen (Personaleinsatzplan, Mehrfachqualifikation) mit den geringsten Fertigungskosten identifiziert. Zudem werden Grenzen ermittelt, die die Wahl der optimalen Stellgrößenkombination unter gegebenen Störgrößen ermöglicht.

6.1.3 Verifikation und Einfluss der Mehrfachqualifikation

Szenario 1: Variable Stellgrößen bei 100 % Verfügbarkeit

Im ersten Szenario wird von einer Verfügbarkeit von 100 % ausgegangen. Dies bedeutet, dass die fünf Mitarbeiter jederzeit zur Besetzung der fünf Arbeitsplätze zur Verfügung stehen. Stochastische Mitarbeiterausfälle treten somit nicht auf, weshalb dieses Szenario aufgrund seiner Trivialität ebenfalls zur Verifikation des Simulationsmodells herangezogen wird. Der Betrachtungszeitraum endet, sobald 1.000 Fertigungsaufträge fertiggestellt sind. Dies entspricht bei einem Ein-Schicht-System ungefähr drei Monate. Die beiden Referenzprodukte werden zu gleichen Teilen und in zufälliger Reihenfolge in das Simulationsmodell eingegeben.

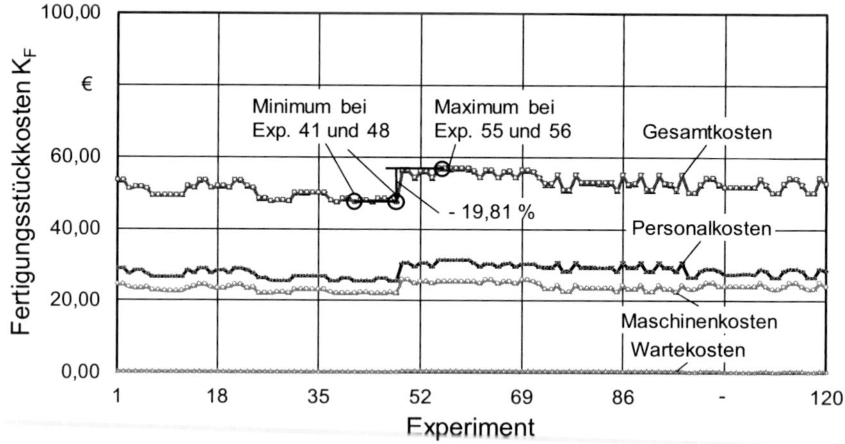

Parameter

A. Kompetenzplanung	B. Stellgrößen (variabel)	C. Stellgrößen (konstant)	D. Statistikwerte
Produktmix: 1:1	Mitarbeitereinsatzplan	Mehrfachqualifikation: 1-fach	Konfidenzwahr.: 100 %
Planungshorizont: ~ 3 Monate		Verfügbarkeit: 100 %	Anzahl Experimente: 120
Anzahl Mitarbeiter: 5		Fertigungsstückzahl: 1.000	

Wn/87452 © IFW

Bild 6.8: Fertigungsstückkosten bei Variation des Mitarbeitereinsatzplans

In Bild 6.8 sind die Ergebnisse für das Szenario 1 bei einer 1-fach Qualifikation dargestellt. In dem Diagramm sind die resultierenden Fertigungsstückkosten K_F nach Gleichung 5.2 abgebildet, die bei dem jeweiligen Mitarbeitereinsatzplan (variabel) und der Durchführung des dargestellten Produktionsprogramms (konstant) entstehen. Aufgrund der im Simulationsmodell enthaltenen Stochastik (Produktreihenfolge, Ausfallverhalten der Mitarbeiter) variieren die Ergebniswerte einzelner Beobachtungen eines Simulationsexperiments trotz identischer Eingangsdaten. Daher wurde jedes Experiment durch fünf Beobachtungen statistisch abgesichert.

Aus den Ergebniswerten der einzelnen Beobachtungen werden sowohl die mittleren Fertigungsstückkosten als auch der beobachtete Minimal- und Maximalwert als Streuung ermittelt und dargestellt. Im Szenario 1 ist die Streuung mit 0,84 % sehr gering, da bei 100 % Verfügbarkeit kein Mitarbeiterausfall entsteht und somit lediglich die Produktreihenfolge zufallsgesteuert ist. Zum tiefer gehenden Verständnis sind die Personal- und Maschinenkosten gemäß Gleichung 5.3 und 5.4 dargestellt, die in Summe die Gesamtkosten ergeben. Die Wartekosten nach Gleichung 5.5 zeigen zudem den Anteil der Maschinenkosten an, der durch das Warten auf einen Mitarbeiter entsteht. Diese sind erwartungsgemäß bei einer Verfügbarkeit von 100 % nicht vorhanden.

Die minimalen beziehungsweise maximalen Fertigungsstückkosten entstehen bei Experiment 41 und 48 beziehungsweise 55 und 56, vergleiche Bild 6.8. Darüber hinaus lässt sich festhalten, dass die Differenz zwischen dem besten und schlechtesten Mitarbeitereinsatzplan bei 19,81 % liegt. Die Experimente 41 und 48 beziehungsweise 55 und 56 unterscheiden sich nur dahingehend, dass Mitarbeiter 4 und 5 vertauscht sind, siehe Bild 6.9.

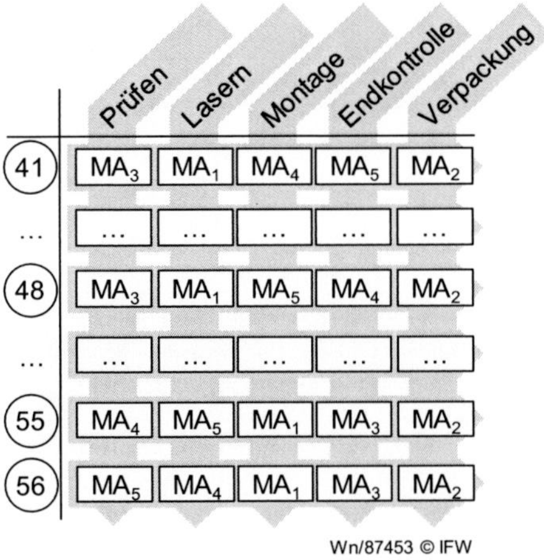

Bild 6.9: Experimente mit minimalen und maximalen Fertigungsstückkosten

Dies lässt sich durch die gleichen Lern- und Vergessenstypen der Mitarbeiter erklären. Dieses Ergebnis ist ein erstes Indiz dafür, dass die Effekte des Lernens und Vergessens entsprechend der Kompetenzmatrix korrekt abgebildet werden. Der Einsatz der Mitarbeiter 4 beziehungsweise 5 auf den Arbeitsplätzen Montage beziehungsweise Endkontrolle führt zu den geringsten Kosten. Die Kostenanteile für diese

Bearbeitungsstationen sind im Mittel am höchsten. Die Mitarbeiter 4 und 5 weisen die besten Eigenschaften hinsichtlich der Kompetenzentwicklung auf (jeweils Lerntyp „B“, Vergessenstyp „B“). Dies lässt vermuten, dass die Zuordnung der Mitarbeiter mit den besten Eigenschaften hinsichtlich der Kompetenzentwicklung zu den aufwendigsten Arbeitsplätzen zu den geringsten Kosten führt. Weiterhin wird Mitarbeiter 1 mit den schlechtesten Eigenschaften hinsichtlich der Kompetenzentwicklung (Lerntyp „A“, Vergessenstyp „A“) für den Laser eingesetzt, der den geringsten Arbeitsaufwand verursacht. Die Mitarbeitereinsatzpläne mit den höchsten Fertigungsstückkosten bestätigen diese Vermutung. Hier sind die Mitarbeiter mit den schlechtesten Eigenschaften für die aufwendigsten Bearbeitungsstationen eingesetzt.

Die Ergebnisse der Methode für triviale Fälle sind plausibel und weisen auf eine korrekte Funktionsweise der Planungsmethode hin. Um die Validierung der Methode zu vervollständigen, wird der Leistungsgrad L jedes Mitarbeiters, nach Fertigstellung eines Produkts, aufgezeichnet, um die Kompetenzentwicklung zu untersuchen.

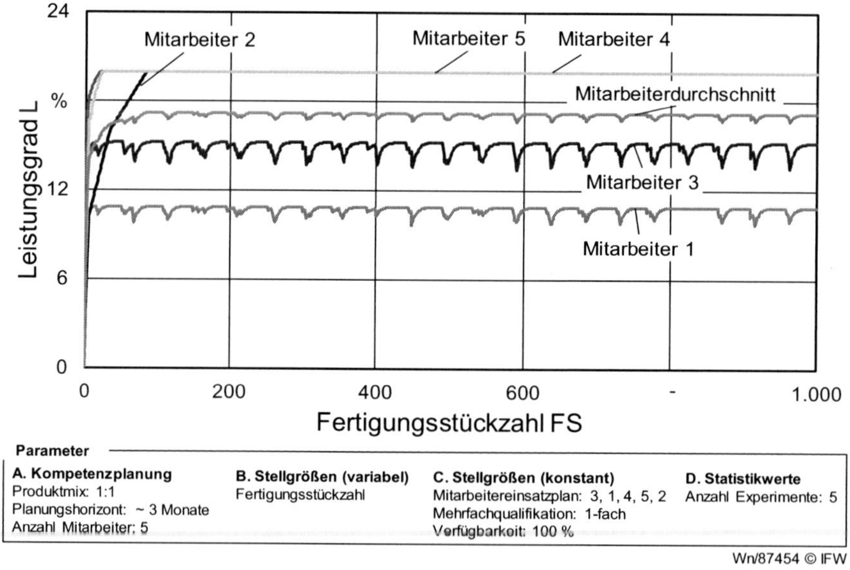

Bild 6.10: Kompetenzentwicklung bei 1-fach Qualifikation

In Bild 6.10 ist zu sehen, dass die Mitarbeiter 2, 4 und 5 frühzeitig einen durchschnittlichen Leistungsgrad von 20 % über alle Arbeitsplätze erreichen. Da lediglich einer der fünf Arbeitsplätze je Mitarbeiter belegt wird, bedeutet dies, dass für einen Arbeitsplatz ein Leistungsgrad von 100 % und für die vier weiteren ein Leistungsgrad von 0 % vorliegen. Die Kompetenzentwicklung ähnelt dem Verlauf einer Sägezahnfunktion. Der degressive Anstieg ist durch das Lernen aufgrund der Arbeitsausführung zu erklären. Der abrupte Abfall resultiert aus dem Effekt des Vergessens, der zu Beginn der Arbeitsausführung ermittelt wird. Dieser führt bei Mitarbeiter 1 und 3

(Vergessenstyp „A“) dazu, dass sie den maximal möglichen Leistungsgrad nicht erreichen. Die Auswirkung eines schlechteren Lerntyps lassen sich durch den Unterschied von Mitarbeiter 2 (Lerntyp „A“) zu Mitarbeiter 4 beziehungsweise 5 (beide Lerntyp „B“) erkennen. Mitarbeiter 2 benötigt mehrere Ausführungen, um den maximalen Leistungsgrad zu erreichen. Gleichzeitig ist durch den Vergleich von Mitarbeiter 2 und 3 zu erkennen, dass sich ein schlechterer Vergessenstyp (Mitarbeiter 2 Vergessenstyp „B“, Mitarbeiter 3 Vergessenstyp „A“) negativer auswirkt als ein schlechterer Lerntyp (Mitarbeiter 2 Lerntyp „A“, Mitarbeiter 3 Lerntyp „B“). Schließlich erreicht Mitarbeiter 2 einen höheren Leistungsgrad als Mitarbeiter 3.

Zusammenfassend ist festzuhalten, dass die Lern- und Vergessenstypen zu einer plausiblen Kompetenzentwicklung führen. Gleichzeitig führt der Einsatz der Mitarbeiter mit der höchsten Kompetenz an den Bearbeitungsstationen mit dem höchsten Arbeitsaufwand zum besten Ergebnis. Im Folgenden wird die Stellgröße Mehrfachqualifikation erhöht, um die Auswirkungen eines regelmäßigen Arbeitsplatzwechsels auf die Kompetenzentwicklung sowie Fertigungskosten zu untersuchen.

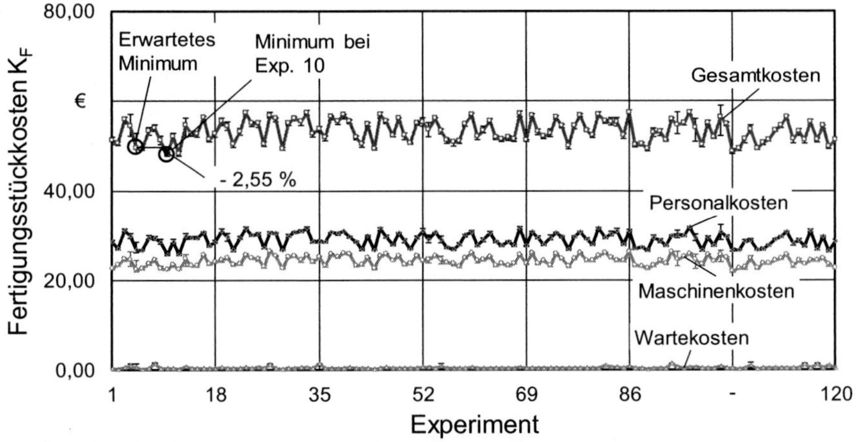

Parameter

A. Kompetenzplanung	B. Stellgrößen (variabel)	C. Stellgrößen (konstant)	D. Statistikwerte
Produktmix: 1:1	Mitarbeitereinsatzplan	Mehrfachqualifikation: 2-fach	Konfidenzwahr.: 100 %
Planungshorizont: ~ 3 Monate		Verfügbarkeit: 100 %	Anzahl Experimente: 120
Anzahl Mitarbeiter: 5		Fertigungsstückzahl: 1.000	

Wn/87455 © IFW

Bild 6.11: Fertigungsstückkosten bei 2-fach Qualifikation

Die resultierenden Fertigungsstückkosten bei einer 2-fach Qualifikation und gleichbleibenden Einstellungen zeigt Bild 6.11. Das Minimum wird in Experiment zehn erreicht. Die Fertigungsstückkosten steigen mit 48,18 € im Vergleich zum Minimum bei einer 1-fach Qualifikation von 47,41 € über den gesamten Betrachtungszeitraum um 1,62 %. Bild 6.11 zeigt zudem, dass trotz einer Verfügbarkeit von 100 % Wartezeiten und -kosten entstehen können. Dies geschieht aufgrund von Arbeitsplatzwechseln, sobald die beiden Mitarbeiter, die für einen Arbeitsplatz eingesetzt werden können, gleichzeitig auf den jeweils anderen Arbeitsplatz eingesetzt werden. Die minimalen beziehungsweise maximalen Fertigungsstückkosten entstehen bei Experiment zehn beziehungsweise 96, siehe Bild 6.12.

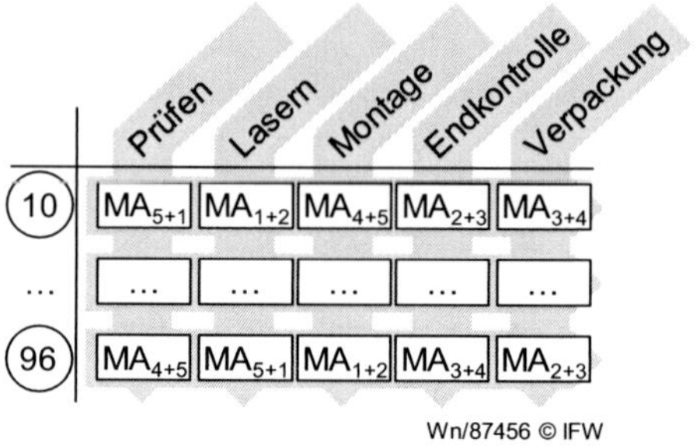

Bild 6.12: Experimente mit minimalen und maximalen Fertigungsstückkosten

Im Vergleich zur 1-fach Qualifikation folgt die Besetzung der Arbeitsplätze Lasern und Montage dem bereits erkannten Schema. Die Montage mit dem höchsten Arbeitsaufwand wird erneut durch die Mitarbeiter 4 und 5 mit den besten Lern- und Vergessenstypen besetzt. Mitarbeiter 1 mit den schlechtesten Eigenschaften wird dem Laser mit dem geringsten Aufwand zugeordnet. Entsprechend entgegengesetzt resultieren im Experiment 96 die höchsten Fertigungsstückkosten. Die Besetzung der weiteren Arbeitsplätze weicht allerdings von der vermeintlich logischen Besetzung ab. So wird die Endkontrolle mit dem zweithöchsten Arbeitsaufwand durch die Mitarbeiter 2 und 3 belegt. Im Vergleich zu diesem Paar wäre die Kombination aus Mitarbeiter 3 und 4 naheliegender gewesen, da Mitarbeiter 4 über bessere Eigenschaften im Vergleich zu Mitarbeiter 2 verfügt. Diese Kombination wird im Experiment fünf simuliert und ergibt durchschnittliche Fertigungsstückkosten von 49,41 €. Eine Analyse der Streubalken zeigt, dass für dieses Experiment ein besonders hoher Maximalwert in einer Beobachtung vorliegt. Der Mittelwert über alle Beobachtungen liegt in der Folge um 2,55 % über dem im Experiment zehn. Somit kann die Abweichung durch den bereits beschriebenen, zufallsbedingten Effekt der Arbeitsplatzwechsel erklärt werden.

Die entstehenden Wartekosten sowie der optimale Mitarbeitereinsatzplan bei einer 2-fach Qualifikation verdeutlichen, dass sich die zufallsgesteuerten Einflüsse nicht vollständig prognostizieren lassen. Eine gute Annäherung ist in der Form festzuhalten, dass die Bearbeitungsstationen mit den höchsten Kostenanteilen an der Produkterstellung durch die schnellsten Mitarbeiter besetzt werden sollten. Im nächsten Szenario wird die Störgröße Verfügbarkeit auf 60 % herabgesetzt, um die Effekte des Mitarbeiterausfalls und der resultierenden Mitarbeiterflexibilität zu untersuchen.

6.1.4 Einfluss der Mitarbeiterverfügbarkeit und Fertigungsstückzahl

Szenario 2: Variable Stellgrößen bei 60 % Verfügbarkeit

Die Verfügbarkeit gibt den Anteil der Arbeitszeit (Schichtzeit abzüglich Pausen) an, in dem jeder Mitarbeiter zur Ausführung der Arbeitsaufgaben zur Verfügung steht. Zur Abbildung einer Verfügbarkeit in der ereignisdiskreten Simulation reicht die Angabe der Verfügbarkeit und der mittleren Ausfalldauer aus. Die Verfügbarkeit wird in Abstimmung mit dem Anwendungspartner mit 60 % und die mittlere Ausfalldauer mit einer Minute hinterlegt. Durch die geringe Ausfalldauer sollen Effekte, wie zum Beispiel ein langfristiger Ausfall eines Mitarbeiters, ausgeschlossen werden. Im Fall einer 1-fach Qualifikation würde der Produktionsbereich ganztägig zum Erliegen kommen. Realistischer ist daher eine Vielzahl an kurzen Unterbrechungen im Arbeitsablauf. Die resultierenden Fertigungsstückkosten bei einer 1-fach Qualifikation mit einer Mitarbeiterverfügbarkeit von 60 % zeigt Bild 6.13.

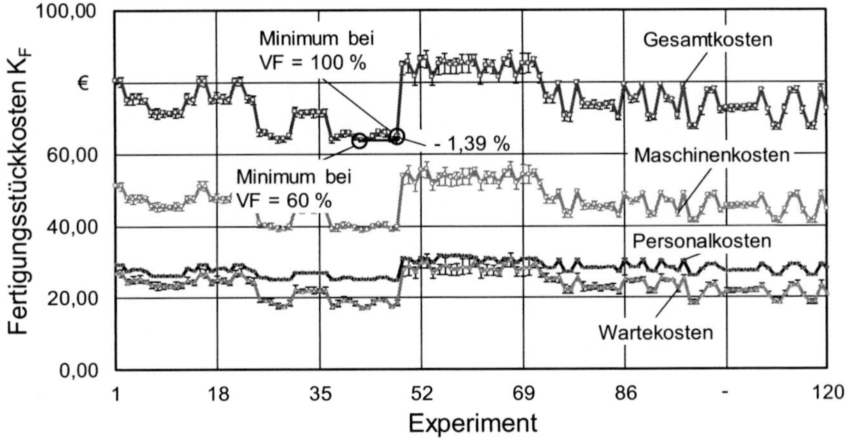

Parameter

A. Kompetenzplanung	B. Stellgrößen (variabel)	C. Stellgrößen (konstant)	D. Statistikwerte
Produktmix: 1:1	Mitarbeitereinsatzplan	Mehrfachqualifikation: 1-fach	Konfidenzwahr.: 100 %
Planungshorizont: ~ 3 Monate		Verfügbarkeit: 60 %	Anzahl Experimente: 120
Anzahl Mitarbeiter: 5		Fertigungsstückzahl: 1.000	

Wn/87457 © IFW

Bild 6.13: Fertigungsstückkosten bei 1-fach Qualifikation und 60 % Verfügbarkeit

Aufgrund der geringeren Verfügbarkeit entstehen hohe Wartekosten, die sich in den Maschinen- und Gesamtkosten wiederspiegeln. Durch den Mitarbeiterausfall entstehen Wartezeiten, die zu steigenden Wartekosten führen. Weiterhin ist zu erkennen, dass das Experiment 41 (64,64 €) und 48 (64,69 €) nahe an dem Experiment 42 (63,80 €) mit den geringsten Fertigungsstückkosten liegen. Die mittlere Differenz beträgt lediglich 1,39 %. Der Unterschied zwischen den Experimenten liegt in dem Einsatz von Mitarbeiter 2 (Lerntyp „A", Vergessenstyp „B") und Mitarbeiter 3 (Lerntyp „B", Vergessenstyp „A"), die die Arbeitsplätze tauschen. Die Tendenz, die Mitarbeiter mit der besten Kompetenzentwicklung für die Bearbeitungsstationen mit den höchsten Kosten einzusetzen, kann somit auch für eine geringere Verfügbarkeit bestätigt werden. Im Gegensatz dazu hat die Verfügbarkeit einen hohen Einfluss auf die entstehenden Fertigungsstückkosten. Diese steigen um 34,57 % bei einer Reduzierung der Verfügbarkeit um 40 % im Falle einer 1-fach Qualifikation. Um den Effekt der Mitarbeiterflexibilität genauer zu untersuchen, werden die Wartekosten mit denen einer 2-fach Qualifikation verglichen.

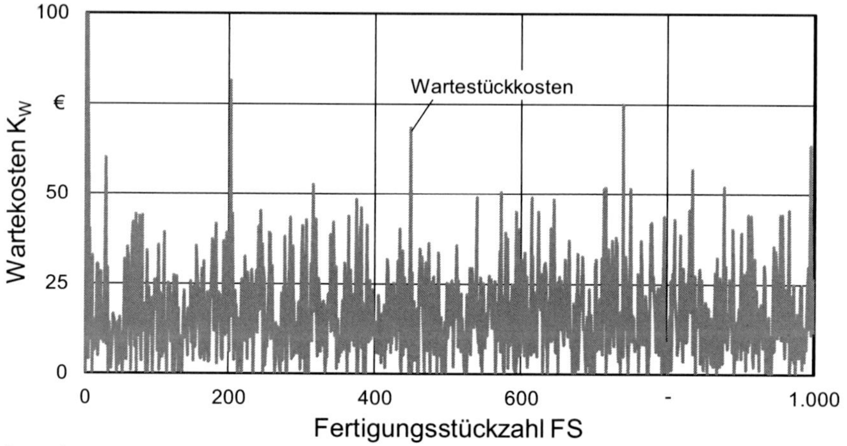

Parameter

A. Kompetenzplanung	B. Stellgrößen (variabel)	C. Stellgrößen (konstant)	D. Statistikwerte
Produktmix: 1:1 Planungshorizont: ~ 3 Monate Anzahl Mitarbeiter: 5	Fertigungsstückzahl	Mitarbeitereinsatzplan: 2, 1, 4, 5, 3 Mehrfachqualifikation: 1-fach Verfügbarkeit: 60 %	Anzahl Experimente: 5

Wn/87458 © IFW

Bild 6.14: Wartestückkosten bei 1-fach Qualifikation und 60 % Verfügbarkeit

Bild 6.14 zeigt die Wartekosten jedes gefertigten Produkts bei dem Mitarbeitereinsatzplan aus Experiment 42 für eine 1-fach Qualifikation. Es ist zu sehen, dass die Wartestückkosten von 0 bis circa 70 € schwanken. Diese Schwankungen sind durch die entstehenden Wartezeiten in den einzelnen Prozessschritten zu erklären. Äquivalent zur Vorgehensweise für die 1-fach Qualifikation, wird der Mitarbeitereinsatzplan mit den geringsten Fertigungsstückkosten für eine 2-fach Qualifikation ermittelt, siehe Anhang Bild 10.4. Für diese Einsatzkonstellation werden ebenfalls die Wartestückkosten erfasst und dargestellt, siehe Anhang Bild 10.5.

Die Wartestückkosten für die 2-fach Qualifikation schwanken weniger und fallen im Mittel geringer aus. Im Durchschnitt betragen die Wartestückkosten bei der 1-fach Qualifikation 17,16 €, während sie bei der 2-fach Qualifikation 14,31 € betragen. Dies stellt eine Reduzierung der Wartekosten um 16,61 % dar. Um eine allgemeinere Aussage über die Auswirkung der Störgröße Verfügbarkeit in Abhängigkeit der Mehrfachqualifikation treffen zu können, werden die Untersuchungen für alle Mehrfachqualifikationen *MF* (*1, 2, 3, 4, 5*) und Verfügbarkeiten *VF* (*60, 70, 80, 90, 100 %*) durchgeführt und die Experimente mit den minimalen Fertigungsstückkosten ermittelt.

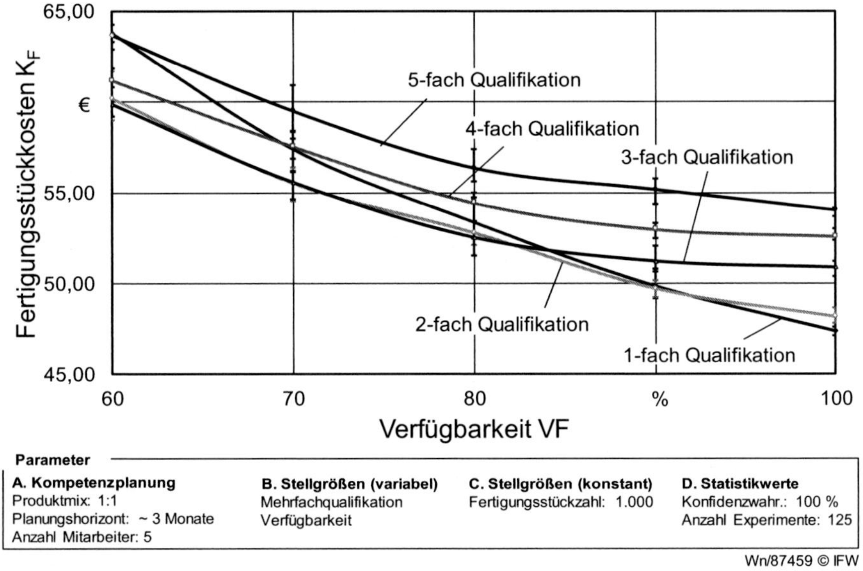

Bild 6.15: Fertigungsstückkosten in Abhängigkeit der Verfügbarkeit

In Bild 6.15 sind die interpolierten Kurven der so ermittelten Referenzpunkte je Mehrfachqualifikation dargestellt. Es zeigt sich, dass die 1-fach Qualifikation für eine Verfügbarkeit von 100 % zu den geringsten Kosten führt, während sie bei einer Verfügbarkeit von 60 % die höchsten Kosten verursacht. So steigen die Fertigungskosten mit sinkender Verfügbarkeit in Abhängigkeit der Mehrfachqualifikation unterschiedlich stark. Bereits ab einer Verfügbarkeit von 90 % ist die 1-fach Qualifikation nicht mehr die günstigste Einsatzstrategie. Zwischen einer Verfügbarkeit von 80 und 90 % ist die 2-fach Qualifikation die effizienteste Mehrfachqualifikation. Ab einer Verfügbarkeit von 80 % verursacht wiederum die 3-fach Qualifikation die geringsten Kosten. Der Verlauf der Kostenkurve zur 4-fach Qualifikation lässt vermuten, dass sie bei einer weiter sinkenden Verfügbarkeit zur besten Einsatzvariante wird. Die Ausführungen bestätigen den Einfluss der Mehrfachqualifikation auf die Fertigungskosten. Infolge regelmäßiger Arbeitsplatzwechsel steigt die Mitarbeiterflexibilität und somit die Robustheit gegenüber Mitarbeiterausfällen. Dabei variiert die Dauer bis zur Erreichung eines Leistungsgrads in Abhängigkeit der Mehrfachqualifikation.

In Bild 6.16 wird deutlich, dass Mitarbeiter 2 circa 400 Fertigungsaufträge benötigt, um bei einer 3-fach Qualifikation einen konstanten Leistungsgrad zu erreichen. Folglich beeinflusst die herzustellende Stückzahl an Produkten ebenfalls die Personaleinsatzstrategie und den optimalen Umfang an Mehrfachqualifikation der Mitarbeiter. Im Folgenden wird deshalb der Einfluss der zweiten Störgröße durch zwei weitere Szenarien untersucht. So wird die Stückzahl bei einer Verfügbarkeit von 100 % (Szenario 3) und 60 % (Szenario 4) zwischen 500 und 2.000 Produkten variiert.

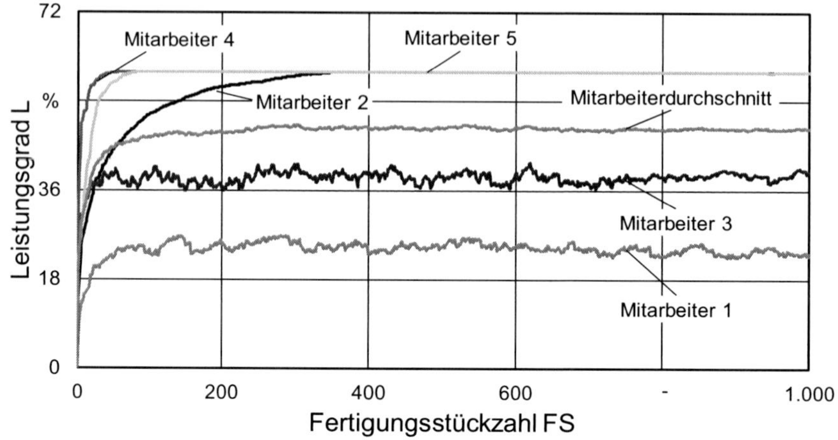

Parameter

A. Kompetenzplanung	B. Stellgrößen (variabel)	C. Stellgrößen (konstant)	D. Statistikwerte
Produktmix: 1:1 Planungshorizont: ~ 3 Monate Anzahl Mitarbeiter: 5	Fertigungsstückzahl	Mitarbeitereinsatzplan: 2, 3, 1, 4, 5 Mehrfachqualifikation: 3-fach Verfügbarkeit: 60 %	Anzahl Experimente: 5

Wn/87460 © IFW

Bild 6.16: Kompetenzentwicklung bei 3-fach Qualifikation und 60 % Verfügbarkeit

Szenario 3: Variable Stückzahl bei 100 % Verfügbarkeit

Parameter

A. Kompetenzplanung	B. Stellgrößen (variabel)	C. Stellgrößen (konstant)	D. Statistikwerte
Produktmix: 1:1 Planungshorizont: 1,5 - 6 Monate Anzahl Mitarbeiter: 5	Mehrfachqualifikation Fertigungsstückzahl	Verfügbarkeit: 100 %	Konfidenzwahr.: 100 % Anzahl Experimente: 125

Wn/87461 © IFW

Bild 6.17: Fertigungsstückkosten in Abhängigkeit der Stückzahl

In Bild 6.17 sind die interpolierten Kostenverläufe je Mehrfachqualifikation dargestellt. Im Vergleich zu Bild 6.15 wurden anstelle der Verfügbarkeit die Stückzahl variiert. Die Planungszeiträume verändern sich entsprechend der Stückzahl. Anhand der Fertigungsstückkosten bei optimalem Mitarbeitereinsatzplan je Stückzahl werden äquivalent die Referenzpunkte ermittelt. Diese zeigen, dass die 1-fach Qualifikation sowohl für eine Stückzahl von 1.000 als auch für 500, 1.500 und 2.000 Stück die beste Einsatzstrategie darstellt. Die weiteren Mehrfachqualifikationen folgen in aufsteigender Reihenfolge. Obwohl sich die Kurven mit steigenden Stückzahlen annähern ist ein Schnittpunkt dieser nicht abzusehen. Da keine Wartekosten vorliegen, verteilen sich die anfänglichen Mehrkosten der Mehrfachqualifikation lediglich auf eine größere Stückzahl. Aus diesem Grund wird im letzten Szenario die Verfügbarkeit auf 60 % reduziert.

Szenario 4: Variable Stückzahl bei 60 % Verfügbarkeit

Die interpolierten Kostenverläufe in Bild 6.18 zeigen, dass bei einer Verfügbarkeit von 60 % bereits für geringe Stückzahlen eine Mehrfachqualifikation zu bevorzugen ist. Bis zu einer Stückzahl von 800 ist die 2-fach Qualifikation am günstigsten.

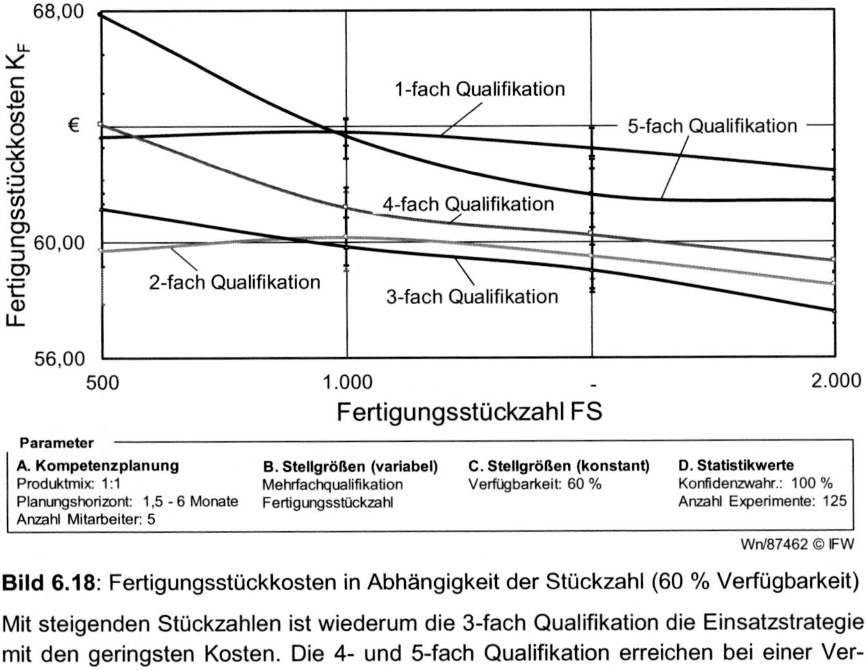

Bild 6.18: Fertigungsstückkosten in Abhängigkeit der Stückzahl (60 % Verfügbarkeit)

Mit steigenden Stückzahlen ist wiederum die 3-fach Qualifikation die Einsatzstrategie mit den geringsten Kosten. Die 4- und 5-fach Qualifikation erreichen bei einer Verfügbarkeit von 60 % auch bei einer Stückzahl von 2.000 Aufträgen keine geringeren Fertigungsstückkosten. Der Kostenverlauf der 4-fach gegenüber der 3-fach Qualifikation zeigt, dass sich der Unterschied mit steigender Stückzahl nicht verringert. Zu häufige Arbeitsplatzwechsel führen dazu, dass die Effekte des Vergessens gegenüber denen des Lernens überwiegen. So ist auch für weiter steigende Stückzahlen keine breitere Qualifizierung im Fall einer Verfügbarkeit von 60 % zu empfehlen. In Bild 6.19 sind die Grenzen der optimalen Mehrfachqualifikation in Abhängigkeit der Verfügbarkeit und Fertigungsstückzahl zusammengefasst.

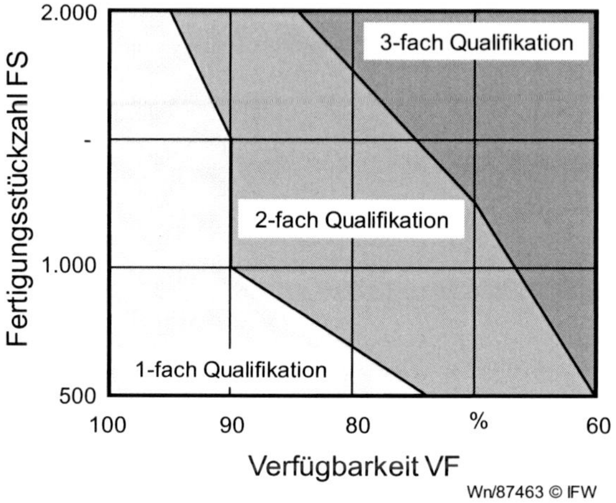

Bild 6.19: Handlungsempfehlung in Form von Verfügbarkeit-Stückzahl-Grenzen

Kritische Betrachtung und Zusammenfassung der Erkenntnisse

Zur Erforschung der kompetenzorientierten Fertigungsplanung wurde die entwickelte Methode bei einem Unternehmen mit Reihenfertigung und hohen manuellen Arbeitsanteilen angewendet. Als **Eingangsgrößen** wurden der Einfluss und die Entwicklung der Mitarbeiterkompetenz mithilfe von Lern- und Vergessenskurven abgebildet. Diese wurden jeweils anhand von drei unterschiedlichen Typen unterschieden, die durch je drei Referenzpunkte zu einer Potenzfunktion zweiten Grades angenähert wurden. Die entsprechende Klassifizierung der Mitarbeiter verursacht eine erste Ungenauigkeit. Weiterhin erfolgte die Herleitung der Kurven auf Basis von Erfahrungswerten des Anwendungsunternehmens. Zum Einsatz der Methode ist dieses Expertenwissen als Eingangsgröße zwingend erforderlich. Gleichzeitig birgt die Nutzung von Expertenwissen die Gefahr von subjektiven Fehleinschätzungen. Aus diesem Grund wird innerhalb von Kapitel 6.2.1 die Erfassung und Nutzung von Betriebsdaten zur Herleitung des individuellen Mitarbeitereinflusses und dessen Entwicklung als alternatives Vorgehen erforscht.

Mithilfe der **Stellgrößen** Personaleinsatz und Mehrfachqualifikation wurde die Mitarbeiterflexibilität und deren Einfluss auf die Fertigungskosten untersucht. Für die Errichtung der, aus fünf Arbeitsplätzen bestehenden, Fertigungslinie stehen fünf Mitarbeiter zur Verfügung. Aufgrund der exponentiell steigenden Anzahl an Planungsszenarien wurde die Besetzung von Arbeitsplätzen auf bestimmte Mitarbeiterkombinationen eingeschränkt. Dieses Vorgehen reduziert einerseits den Aufwand der Untersuchung, andererseits besteht die Möglichkeit, die optimale Stellgrößenkombination zu verfehlen.

Als **Störgrößen** wurden die Mitarbeiterverfügbarkeit und die Stückzahl variiert, da diese zu Planungsbeginn lediglich abgeschätzt werden können. Durch die Variation der Störgrößen wurden vier Szenarien aufgestellt und die jeweils optimale Stellgrößenkombination identifiziert. Dabei wurde die Verfügbarkeit anhand einer durchschnittlichen Ausfalldauer von einer Minute abgebildet. Andere Ausfallverteilungen, zum Beispiel weniger aber dafür längere Unterbrechungen, wurden nicht untersucht.

Die kritische Betrachtung der Ergebnisse zeigt, dass Vereinfachungen bei der Herleitung der Eingangs-, Stell- und Störgrößen zur Reduzierung der Komplexität notwendig sind. Trotz der getroffenen Annahmen wurden innerhalb der Untersuchungen folgende Erkenntnisse erarbeitet:

- **Einfluss der Stellgrößen:** Mithilfe des Personaleinsatzes und der Mehrfachqualifikation wurden die Mitarbeiterflexibilität und deren Einfluss auf die Fertigungskosten untersucht. Durch die Wahl des Personaleinsatzplans konnten Unterschiede von 19,81 % der Fertigungskosten nachgewiesen werden. Durch regelmäßige Arbeitsplatzwechsel und der arbeitsintegrierten Kompetenzentwicklung wird die Einsatzflexibilität gezielt gesteigert. Mit zunehmenden Arbeitsplatzwechseln wird die Verteilung der Kompetenz über die Mitarbeiter breiter und gleichzeitig flacher. Infolgedessen werden negative Auswirkungen eines Mitarbeiterausfalls reduziert, die anhand von Wartezeiten in der Fertigung quantifiziert werden.
- **Einfluss der Störgrößen:** Bei einer Verfügbarkeit von 100 % liegen keine Mitarbeiterausfälle vor, sodass die 1-fach Qualifikation zu den geringsten Fertigungsstückkosten führt. Die Reduzierung der Mitarbeiterverfügbarkeit auf 60 % zeigt, dass die 1-fach Qualifikation die höchsten Kosten verursacht, da sie um 34,57 % im Vergleich zu einer Verfügbarkeit von 100 % steigen. Für eine 3-fach Qualifikation resultiert lediglich eine Erhöhung um 17,61 %, sodass diese Mehrfachqualifikation optimal ist. Die Analyse der Stückzahl weist einen ähnlichen Einfluss auf, sodass die 1-fach Qualifikation im Fall einer Verfügbarkeit von 100 % für hohe und niedrige Stückzahlen die beste Einsatzstrategie ist. Für eine niedrige Verfügbarkeit von 60 % ist die 3-fach Qualifikation die Einsatzstrategie mit den geringsten Kosten. Zu häufige Arbeitsplatzwechsel führen wiederum dazu, dass die Effekte des Vergessens gegenüber denen des Lernens überwiegen und keine breitere Qualifizierung als eine 3-fach Qualifikation zu empfehlen ist.
- **Fazit:** Die Ausführungen haben gezeigt, dass die erwartete Stückzahl und Verfügbarkeit einen starken Einfluss auf die Wahl der Mehrfachqualifikation in der PEP ausüben. Mithilfe der simulationsgestützten Planungsmethode konnten einerseits die optimalen Einsatzpläne bei gegebenen Störgrößen identifiziert werden. Andererseits lassen sich die Grenzen der Vorteilhaftigkeit der Mehrfachqualifikationen in Abhängigkeit der Störgrößen bestimmen.

6.2 Kompetenzorientierte Fertigungssteuerung in einer Werkstattfertigung

Für die Ermittlung des langfristig optimalen Personaleinsatzplans wurde von einer gleichmäßigen Belastung der Fertigung in Form von Auftragseingängen ausgegangen. Bei einer dynamischen Auslastung ist dieser Personaleinsatzplan daher anhand der Zielerreichung zu prüfen und gegebenenfalls anzupassen.

In diesem Kapitel wird deshalb die kompetenzorientierte Fertigungssteuerung in Abhängigkeit verschiedener Eingangs- und Stellgrößen untersucht. Das Ziel der Methode liegt in der situativen Anpassung der operativen PEP aufgrund der Fertigungssituation. Daher werden mithilfe unterschiedlicher Prozesslisten als Eingangsgröße verschiedene Fertigungssituationen erzeugt.

Einerseits wird die Anzahl der Prozesse im Betrachtungszeitraum verändert, um die Auslastung zu erhöhen. Andererseits wird die Anzahl an Prozessanforderungen erhöht, um die Auswirkung höherer Kompetenzanforderungen zu untersuchen. Als Reaktionsmöglichkeit liegt dem Planer das Verändern der Stellgrößen Lernkapazität und Entwicklungsanteil vor. Die Variation der Stellgrößen wird anhand der Auswirkung auf die Ausgangsgrößen erforscht.

6.2.1 Einfluss des Mitarbeiters und dessen Entwicklung

Im folgenden Kapitel wird die Methode zur Herleitung des Mitarbeitereinflusses und dessen Entwicklung bei einem Hersteller von Gewindeteilen mit Werkstattfertigung angewendet. In der Fertigung sind 33 Mitarbeiter beschäftigt, die unter anderem Prozesse in den Bereichen Fräsen, Drehen, Bohren und Schleifen an manuellen und CNC-Maschinen durchführen.

Innerhalb der **Datenselektion** wird auf die Datenbank der seit 16 Monaten eingesetzten BDE zugegriffen. In dieser liegen 43.088 Rückmeldungen aus der Fertigung vor, von denen 78,59 % auf die Tätigkeit Bearbeitung sowie 20,72 % auf das Rüsten entfallen. Der verbleibende Anteil der Rückmeldungen von 0,69 % ist der Tätigkeit Nacharbeit zugeordnet. In 0,76 % der Meldungen sind Ausschussteile angegeben, die einen Ausschussanteil von 0,36 % ergeben. Für die Meldung von Ausschuss werden zudem material- und fertigungsbedingter Ausschuss unterschieden. Der Großteil entfällt auf materialbedingten Ausschuss von zugekauften Halbzeugen, der somit unabhängig vom Mitarbeiter ist. Aufgrund der geringen Anzahl an Meldungen zu fertigungsbedingtem Ausschuss wird der Einfluss des Mitarbeiters nicht weiter untersucht.

Durch die **Datenaufbereitung** werden die Rückmeldungen auf Vollständigkeit geprüft und für die weitere Verarbeitung vorbereitet. So liegen für die meisten Prozesse mehrere Meldungen je Tätigkeit vor. Dies liegt an den langen Bearbeitungs- beziehungsweise Rüstzeiten von durchschnittlich 3,2 beziehungsweise 1,5 Stunden, sodass Prozesse unterbrochen und wieder fortgesetzt werden. In diesem Fall werden sowohl die gemeldeten Stückzahlen als auch die Einzelzeiten der Meldungen summiert, sodass sich die Gesamtmenge und Gesamtzeit je Prozess ergeben. Gleichzeitig werden Prozesse von anderen Mitarbeitern fortgeführt. Diese Prozesse werden aufgrund einer nicht eindeutigen Zuordnung zu einem Mitarbeiter vor der Datenauswertung entfernt. Durch die Datenaufbereitung wird die Anzahl an Rückmeldungen auf 10.877 aggregiert.

Im Rahmen der **Datentransformation** werden die Meldungen von Nacharbeit für einen Prozess aufgrund der geringen Anzahl vereinfachend zur Bearbeitungszeit hinzugezählt. Diese Vereinfachung ist zulässig, da Nacharbeit nach Beendigung des Prozesses auftritt und somit dieselbe Auswirkung hat, wie eine längere Bearbeitung während des Prozesses. So lassen sich Verzögerungen unabhängig von der tatsächlich gemeldeten Nacharbeit bestimmen. Anschließend wird für jeden Prozess die Gesamtzeit durch die Gesamtmenge geteilt, um die Stückzeit zu bestimmen, die wiederum durch die Vorgabezeit dividiert wird. Die resultierenden Zeitfaktoren für die Bearbeitungs- und Rüstzeit werden abschließend anhand eines Grenzwerts auf Ausreißer geprüft.

Alle Zeitfaktoren die den dreifachen Wert der Vorgabezeit übersteigen, werden dazu als fehlerhafte Datensätze vor der Datenauswertung entfernt. Auf diese Weise wird vermieden, dass unrealistische Zeitfaktoren, beispielsweise aufgrund einer verspäteten Abmeldung eines bereits abgeschlossenen Prozesses, die Ergebnisse verzerren.

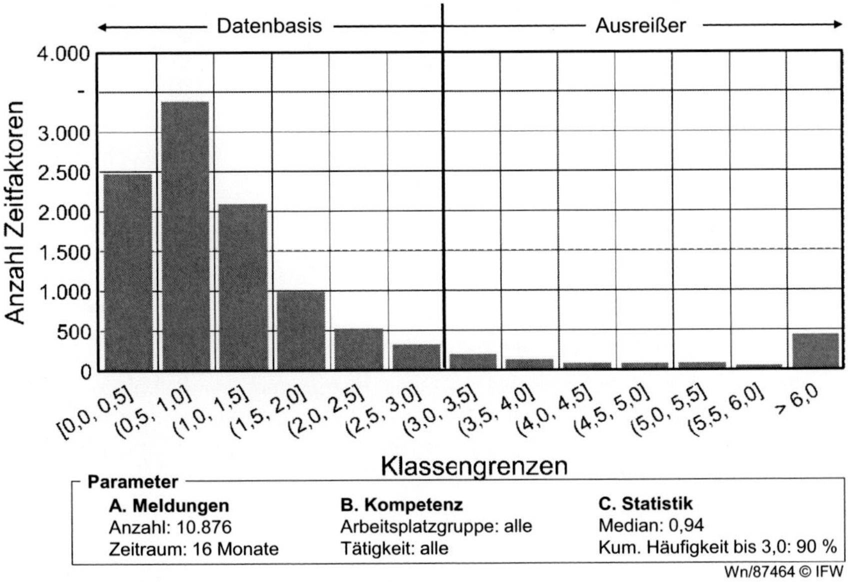

Bild 6.20: Histogramm und Grenzwert der Zeitfaktoren

Im Anwendungsszenario wurde der Grenzwert des Zeitfaktors durch den verantwortlichen Fertigungsleiter auf drei festgelegt, siehe Bild 6.20. Infolge dieses Grenzwerts werden 10,02 % der ermittelten Zeitfaktoren ausgeschlossen, sodass 9.787 Prozesse verbleiben. Bild 6.20 zeigt das Histogramm der Zeitfaktoren aller Arbeitsplatzgruppen. Die Klassengrenzen geben den Bereich an, innerhalb derer die Anzahl an Zeitfaktoren zusammengezählt werden.

Im nächsten Schritt erfolgt das **Data Mining**, in dem die einzelnen Zeitfaktoren gruppiert und anschließend der Mitarbeitereinfluss und dessen Entwicklung hergeleitet werden. Die 54 Arbeitsplätze werden aufgrund des Fertigungsverfahrens und des Automatisierungsgrads in 23 Arbeitsplatzgruppen zusammengefasst. Diese umfassen beispielweise das manuelle und CNC-Drehen, manuelle Außen- und Innenwirbeln sowie CNC-Außenwirbeln. Zudem werden die Zeitfaktoren nach Bearbeitung und Rüsten unterschieden.

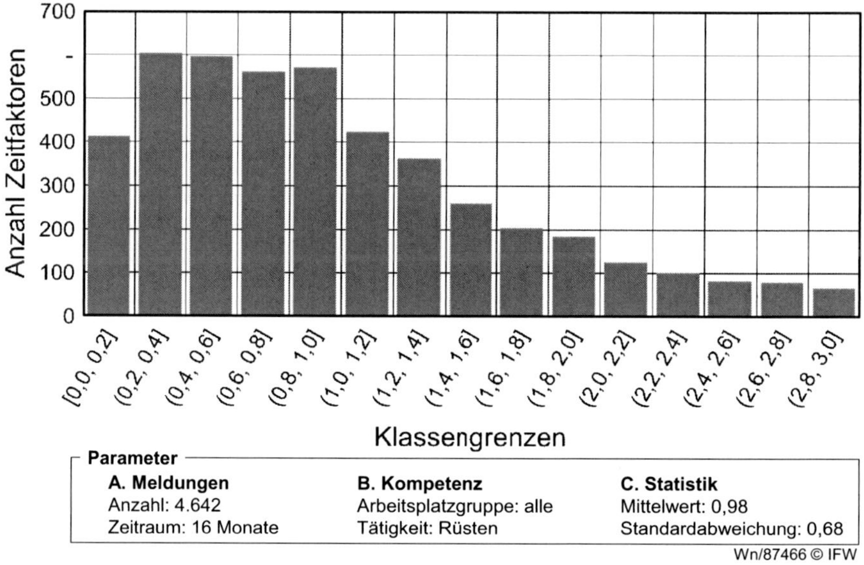

Bild 6.21: Histogramm der Zeitfaktoren von der Rüstzeit

Zur **Dateninterpretation** zeigt Bild 6.21 das Histogramm der Zeitfaktoren für die Rüstzeit aller Arbeitsplatzgruppen. Der Großteil der Zeitfaktoren liegt in den vier Klassen zwischen 20 und 100 % der Vorgabezeit. Die Anzahl an Zeitfaktoren über eins nimmt mit steigenden Klassen degressiv ab. Eine Klasse, in der sich deutlich die Mehrheit an Zeitfaktoren befindet, liegt jedoch nicht vor.

Bild 6.22 bildet die Verteilung der Zeitfaktoren der Bearbeitungszeit ab. Im Vergleich zu den Rüstzeiten ergibt sich eine Klasse mit der stärksten Ausprägung. Diese liegt zwischen 0,6 und 0,8, wobei die Anzahl an Zeitfaktoren mit kleiner und größer werdenden Klassen in beide Richtungen degressiv abnimmt.

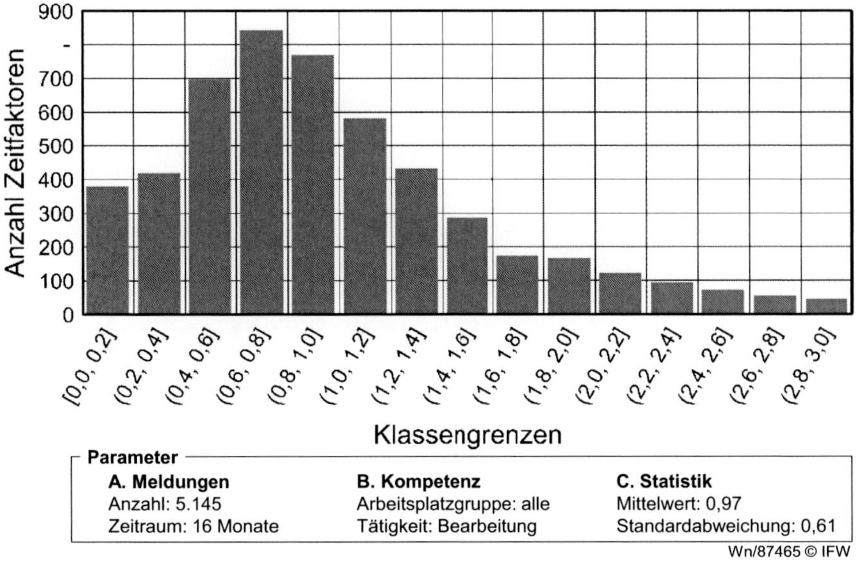

Bild 6.22: Histogramm der Zeitfaktoren von der Bearbeitungszeit

Die Mittelwerte mit 0,98 beziehungsweise 0,97 sowie die Standardabweichung von 0,68 beziehungsweise 0,61 sind für die Verteilungen der Rüst- und Bearbeitungszeit wiederum vergleichbar. Einerseits zeigen die Mittelwerte, dass die durchschnittliche Vorgabezeit sehr genau erfüllt ist. Andererseits wird deutlich, dass die Verteilung der Zeitfaktoren über alle Arbeitsplatzgruppen und Mitarbeiter sehr stark streut. So werden ebenfalls schwer planbare Prozesse, wie Instandhaltungsmaßnahmen, in der BDE erfasst. Diese sind einer Arbeitsplatzgruppe und nicht einer Tätigkeit zugeordnet. Daher werden im Folgenden die Zeitfaktoren einzelner Arbeitsplatzgruppen-Mitarbeiter-Kombinationen untersucht.

<u>Einfluss des Mitarbeiters</u>

Die Kernkompetenzen des Anwendungspartners liegen in den Wirbelprozessen zur Herstellung von Innen- und Außengewinden. Mit diesen werden mehrgängige Gewinde mit einer Länge von 10 mm bis 20 m, Durchmessern von 10 bis 300 mm, aus verschiedenen Materialien sowie mit unterschiedlichen Profilen gefertigt. Daher wird der Einfluss verschiedener Mitarbeiter innerhalb der Arbeitsplatzgruppe Außenwirbeln, die nicht CNC-gesteuert sind, untersucht. Die Verteilung der Zeitfaktoren des Mitarbeiters 1 für das Rüsten dieser Arbeitsplatzgruppe stellt Bild 6.23 dar. Die Verteilung der 222 Zeitfaktoren ist schmaler und besitzt die stärkste Ausprägung bei der Klasse von 0,4 bis 0,6. Es liegt die Vermutung nahe, dass der Mitarbeiter 1 sehr erfahren ist. Dies ist zum einen darin begründet, dass er im Schnitt nur 70 % der Vorgabezeit benötigt. Zum anderen weisen die Werte eine geringe Streuung auf.

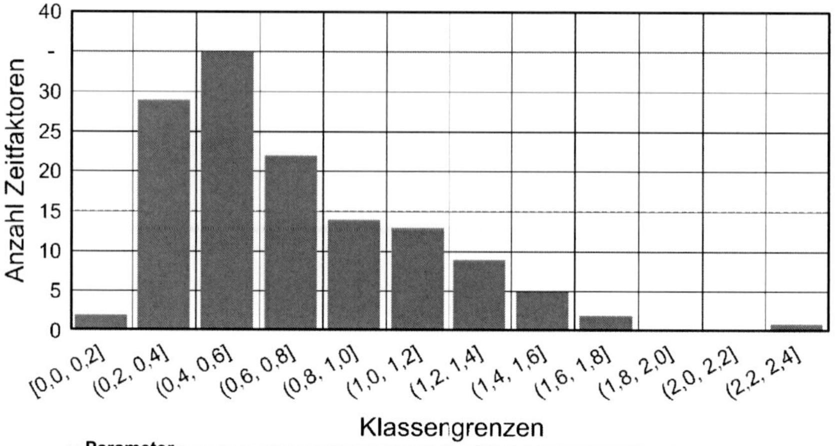

Parameter

A. Meldungen	B. Kompetenz	C. Statistik
Anzahl: 222	Arbeitsplatzgruppe: Wirbeln außen	Mittelwert: 0,70
Zeitraum: 16 Monate	Tätigkeit: Rüsten	Standardabweichung: 0,40

Wn/87467 © IFW

Bild 6.23: Histogramm der Zeitfaktoren von der Rüstzeit für Mitarbeiter 1

Um weitere Aussagen treffen zu können, wird die Verteilung der Zeitfaktoren für Mitarbeiter 1 mit der eines anderen Mitarbeiters für dieselbe Arbeitsplatzgruppen-Tätigkeit-Kombination verglichen, siehe Bild 6.24.

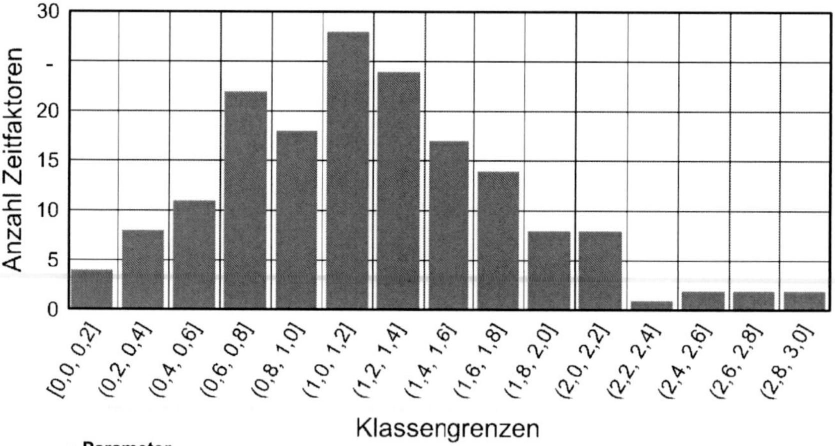

Parameter

A. Meldungen	B. Kompetenz	C. Statistik
Anzahl: 149	Arbeitsplatzgruppe: Wirbeln außen	Mittelwert: 1,21
Zeitraum: 16 Monate	Tätigkeit: Rüsten	Standardabweichung: 0,57

Wn/87468 © IFW

Bild 6.24: Histogramm der Abweichung von der Rüstzeit für Mitarbeiter 2

In dieser Darstellung ist die Verteilung der Zeitfaktoren nach rechts verschoben. Zudem sinkt die Anzahl an Zeitfaktoren degressiv mit steigenden und sinkenden Klassen. Die stärkste Ausprägung liegt zwischen 1,0 und 1,2. Der Mittelwert mit 1,21 sowie die Standardabweichung von 0,57 liegen über denen des Mitarbeiters 1. Der höhere Mittelwert weist darauf hin, dass Mitarbeiter 2 eine geringere Kompetenz im Vergleich zu Mitarbeiter 1 besitzt. Die größere Streuung der Rüstzeiten im Vergleich zur Vorgabezeit lässt darüber hinaus vermuten, dass innerhalb des Betrachtungszeitraums von 16 Monaten eine stärkere Entwicklung von Mitarbeiter 2 als von Mitarbeiter 1 stattgefunden hat. Die Anzahl an Meldungen von Mitarbeiter 2 (149) gegenüber 222 von Mitarbeiter 1 stützt die These, dass Mitarbeiter 1 eine höhere Erfahrung und folglich geringere Lerneffekte aufweist. Die Verteilungen der Zeitfaktoren für die Bearbeitungszeit der beiden Mitarbeiter haben einen ähnlichen Verlauf, wie die der Rüstzeit, siehe Bild 10.1 und Bild 10.2 im Anhang. Um die Hypothese der unterschiedlichen Kompetenzentwicklung zu belegen, wird die zeitliche Entwicklung des Mitarbeitereinflusses untersucht.

Zeitliche Entwicklung des Mitarbeitereinflusses

Dazu werden die Mittelwerte der Zeitfaktoren und die Anzahl an gemeldeten Prozessen für jeden Monat des Auswertungszeitraums gemäß Kapitel 5.2.1 ermittelt. Hieraus ergibt sich die Zeitreihe der Mittelwerte unter anderem für die Arbeitsplatzgruppe Außenwirbeln kombiniert mit der Tätigkeit Rüsten. Der gewichtete gleitende Durchschnitt dieser Zeitreihe wird in Bild 6.25 dargestellt.

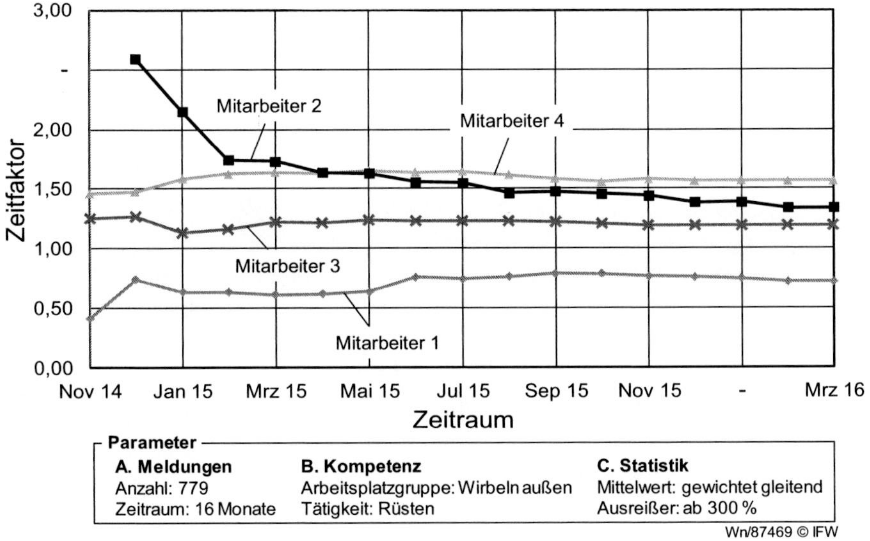

Bild 6.25: Entwicklung der Abweichung von der Rüstzeit

Neben der Entwicklung der Mitarbeiter 1 und 2 werden zwei weitere Mitarbeiter abgebildet, die ebenfalls im Betrachtungszeitraum für die Kombination Rückmeldungen abgegeben haben. Der Verlauf des gleitenden Durchschnitts der Zeitfaktoren von Mitarbeiter 2 zeigt einen degressiven Verlauf. Mit zunehmender Zeit sinkt die Abweichung von der Vorgabezeit von über 2,5 auf 1,21. Im Vergleich dazu ist der Verlauf von Mitarbeiter 1 konstant und schwankt um einen Wert von 0,7. Weiterhin ist zu erkennen, dass Mitarbeiter 2 im ersten Monat des Zeitraums keine Rückmeldungen für das Rüsten an dieser Arbeitsplatzgruppe zugeordnet werden. Die Analyse der Tätigkeit Bearbeitung weist einen ähnlichen Verlauf auf, vergleiche Bild 10.3. Folglich lässt sich die Vermutung, dass Mitarbeiter 2 im Betrachtungszeitraum eine starke Kompetenzentwicklung vollzogen hat, bestätigen. Der Vergleich zu den Mitarbeitern 3 und 4 zeigt jedoch auch, dass ein hoher Zeitfaktor kein ausreichendes Indiz für eine anhaltende Kompetenzentwicklung darstellt. Die Zeitfaktoren des Mitarbeiters 4 liegen ab Mai 2015 über denen des Mitarbeiters 2, ohne dass sich diese im Zeitverlauf stark verändern. So liegen ebenfalls, unabhängig von der Erfahrung des Mitarbeiters, mitarbeiterindividuelle Einflüsse auf die Zielerreichung vor.

Kritische Betrachtung und Zusammenfassung der Erkenntnisse

Die Untersuchungen zeigen, dass mithilfe von Betriebsdaten ein individuelles Abbild des Mitarbeiters in Form eines digitalen Schattens für die PEP bestimmt werden kann. Dieser ermöglicht die Prognose des Mitarbeitereinflusses auf die Bearbeitungs- und Rüstzeit. Der Einfluss auf die Qualität konnte durch die Nacharbeitszeit betrachtet werden, indem diese zur Bearbeitungszeit hinzugezogen wurde. Der Zusammenhang von Mitarbeiter und Ausschuss wurde aufgrund der geringen Anzahl an fertigungsbedingtem Ausschuss nicht quantifiziert. Für den Fall, dass tatsächlich jeder Ausschuss korrekt gemeldet wurde, ist dies kein relevanter Einfluss, der durch den digitalen Schatten abgebildet werden muss. Die statistische Untersuchung der Zeitfaktoren hat gezeigt, dass Mitarbeiter einen unterschiedlichen Einfluss auf die Zielerreichung haben. Weiterhin wurde nachgewiesen, dass eine zeitliche Entwicklung dieses Einflusses vorliegt, die individuell unterschiedlich stark ausgeprägt ist. So ist die Erfahrung ein wesentlicher Einflussfaktor, der mithilfe der Anzahl an durchgeführten Prozessen gemessen werden kann. Gleichzeitig sind mitarbeiterindividuelle Eigenschaften, wie die Lern- und Vergessensgeschwindigkeit vorhanden, die zu einer Streuung der Ergebnisse führen. Folglich ist diese Methode vor der Verwendung zur PEP auf eine hinreichende Genauigkeit zu prüfen.

6.2.2 Modellierung der Testumgebung

Zur Erforschung der situationsabhängigen Steuerung des personellen Arbeitseinsatzes, auf Grundlage des identifizierten Mitarbeitereinflusses, wurde die kompetenzorientierte Fertigungssteuerung prototypisch umgesetzt. Die Umsetzung erfolgte in Microsoft Excel unter Verwendung der Skriptsprache Visual Basic for Applications (VBA). Dies ermöglicht die anschließende Integration in bestehende Softwarelösungen, die auf dem .NET-Framework von Microsoft basieren. Das Wirtsprogramm Excel stellt neben dem VBA-Kern, zum Beispiel Datentypen und mathematische

Funktionen, spezielle Objekte, wie das Suchen und Sortieren von Bereichen, zur Verfügung, um die Datenverarbeitung aus den Tabellenblättern zu vereinfachen.

Für die Darstellung der Eingangsgrößen wurde ein datenbankkonformes Format gewählt. Dementsprechend werden die Bezeichnungen der Prozesse und deren Anforderungen sowie die Namen der Mitarbeiter und deren Kompetenzen mit Indizes hinterlegt. Weiterhin werden die Anforderungs- und Kompetenzprofile durch Zahlenmatrizen dargestellt. Die Prozessliste wird anhand der Termine für Prozessanfang- und -ende als Date-Time Format eingetragen. Innerhalb des Hauptprogramms werden den Mitarbeitern die Prozesse zugewiesen, indem die Stellgrößen Lernkapazität, Traineranteil und Entwicklungsbudget variiert werden. Als Ausgangsgröße wird dem Benutzer die zugeordnete Prozessliste zur Verfügung gestellt. Die Beurteilung der Zuordnung erfolgt anhand der Zuordnungsquote, der Mitarbeiterauslastung und des Überforderungsgrads. Da es sich um einen deterministischen Algorithmus handelt, führt eine Wiederholung bei gleichen Eingangsgrößen zu gleichen Ergebnissen. Im Folgenden wird die Modellierung der Testumgebung anhand der Eingangs-, Stell- und Ausgangsgrößen beschrieben.

Eingangsgrößen

Zur Untersuchung der Methode werden Prozesslisten generiert, die verschiedene Fertigungssituationen des produzierenden Unternehmens mit Werkstattfertigung beschreiben. Die Startzeit der Prozesse wird zufällig innerhalb eines Betrachtungszeitraums von 14 Tagen erzeugt. Als Prozesslänge werden Zeiträume zwischen zwei und acht Stunden zufällig generiert, sodass ein Mittelwert von fünf Stunden entsteht. Weiterhin werden die Anzahl und die Höhe der Prozessanforderungen als ganzzahlige Werte zwischen eins und fünf modelliert. Im ersten beziehungsweise zweiten Versuchsplan wird die durchschnittliche Anzahl an Anforderungsmerkmalen je Prozess auf zwei beziehungsweise drei Anforderungen eingestellt. Insgesamt werden elf Anforderungsmerkmale unterschieden. Zudem wird die Anzahl an Prozessen von 800 (Prozessliste 1 und 2) auf 1200 (Prozessliste 3) erhöht. Die Prozesslisten fasst Tabelle 6.2 zusammen.

Tabelle 6.2: Prozessliste unterschiedlicher Fertigungssituationen

Prozessliste	1	2	3
Prozesslänge	2 - 8 Stunden		
Betrachtungszeitraum	14 Tage		
Anzahl Prozessanforderungen	2	3	3
Anzahl Prozesse	800	800	1200

Auf gleiche Weise, wie die Prozessanforderungen, werden die Mitarbeiterkompetenzen und deren Höhe zufällig erzeugt. Die Mitarbeiter werden zur besseren Übersichtlichkeit in fünf Gruppen mit je vier Mitarbeitern eingeteilt. Es werden Praktikanten,

Lehrlinge, Gesellen, Spezialisten und Meister definiert, wobei die durchschnittliche Mitarbeiterkompetenz je Gruppe gleich ist. In Tabelle 6.3 sind die Gruppen mit dem Bereich, in dem die Kompetenzen der Mitarbeiter verteilt werden sowie der Mittelwert der Kompetenzen, dargestellt.

Tabelle 6.3: Gruppenbezeichnungen und Kompetenzen der Mitarbeiter

Gruppenbezeichnung	Kompetenzbereich	Kompetenzdurchschnitt
Praktikant	1-2	1,3
Lehrling	1-3	2,0
Geselle	2-4	3,0
Spezialist	3-5	4,0
Meister	4-5	4,8

Stellgrößen

Die Stellgrößen Lernkapazität, Traineranteil und Entwicklungsbudget sind durch Prozentangaben zwischen 0 und 100 % einstellbar. Der Timer richtet sich nach der Leistungsfähigkeit des Rechensystems und wird vom Anwender festgelegt. Für die Versuchsdurchführung wird dieser zunächst auf 1.000 Iterationsschleifen festgelegt, um die Rechenzeit gering zu halten. Sollten weitere Iterationen das Ergebnis verbessern, kann der Timer anschließend erhöht werden. Der Traineranteil wird durch den Anwender unabhängig von der Fertigungssituation ausgewählt. Für die Methodenerforschung wird der Traineranteil auf 100 % festgelegt, sodass der Trainer für die vollständige Prozesszeit dem Prozess zugeteilt wird. Im Gegensatz dazu werden die Werte für die Stellgrößen Lernkapazität und Entwicklungsbudget beginnend mit 0 % in Schritten von 10 % bis auf 100 % erhöht. Insgesamt ergeben sich für jede Prozessliste ein vollfaktorieller Versuchsplan mit 121 Versuchen, vergleiche Tabelle 6.4.

Tabelle 6.4: Versuchsplan zur Erforschung der Methode

Versuch	Lernkapazität	Entwicklungsbudget
1	0 %	0 %
2	10 %	0 %
...	...	...
11	100 %	0 %
12	0 %	10 %
...	...	...
121	100 %	100 %

Ausgangsgrößen

Als Ausgangsgrößen werden die resultierenden Prozesslisten betrachtet. Für eine Beurteilung der PEP wird die Zuordnungsquote, Mitarbeiterauslastung und der Überforderungsgrad in Abhängigkeit der Stellgrößen Lernkapazität und Entwicklungsbudget untersucht. Insbesondere die Unterschiede der PEP in kritischen und unkritischen Fertigungssituationen sind dabei von Interesse. Aus diesem Grund werden der erste und letzte Versuch des Versuchsplans für die Prozesslisten genauer untersucht. Es wird erwartet, dass eine Lernkapazität und ein Entwicklungsbudget von 0 % das beste Ergebnis in einer kritischen Situation erzielen. In einer unkritischen Situation werden hingegen eine maximale Lernkapazität und ein maximales Entwicklungsbudget als beste Wahl vermutet. Diese Stellgrößenkombinationen werden entsprechend als zeit- und lernorientierte PEP bezeichnet.

Zur Kalkulation des Mitarbeiteraufwands für einen Prozess wird die Prozesszeit vereinfachend mit dem Überforderungsgrad des zugewiesenen Mitarbeiters, anstelle des Zeitfaktors aus der Betriebsdatenauswertung, vergrößert. Somit wird dargestellt, dass Mitarbeiter, die mit Teilanforderungen oder dem gesamten Prozess noch nicht vollständig vertraut sind, länger brauchen um den Prozess auszuführen. Eine Verlängerung der Prozesszeit um maximal 100 % entspricht den Ergebnissen aus Kapitel 6.2.1. Durch einen linearen Verlauf der Prozesszeit mit der Überforderung wird eine einfache Korrelation zu Grunde gelegt, die eine nachvollziehbare Interpretation der Ergebnisse der Methode ermöglicht.

6.2.3 Einfluss der Fertigungssituation

Die kompetenzorientierte Fertigungssteuerung verfolgt das Ziel, auf Grundlage der aktuellen Auftragslage, den Personaleinsatz kurzfristig anzupassen, sodass die Kompetenzentwicklung bei Sicherstellung der rechtzeitigen Bearbeitung der Prozesse maximiert wird. Zur Erforschung der Methode wird daher der Einfluss der Auftragslage anhand von verschiedenen Prozesslisten untersucht. Die termingerechte Prozessbearbeitung wird durch die Ausgangsgröße Zuordnungsquote gemessen, während der Überforderungsgrad und die Mitarbeiterauslastung zur Beurteilung der Kompetenzentwicklung herangezogen werden. Bevor die PEP für die drei erzeugten Prozesslisten durchgeführt und bewertet wird, ist die Methode auf eine korrekte Funktionsweise zu prüfen. Dazu wird der Ablauf des Algorithmus anhand der gefundenen Startzuordnung und der durchgeführten Vertauschungen analysiert.

Verifikation

Der Algorithmus prüft die bestimmte Startzuordnung auf eine Restriktionsverletzung. Liegt der resultierende Mitarbeiteraufwand der Startzuordnung über dem zulässigen Entwicklungsbudget, werden Prozesse neu zugeordnet bis die Restriktion erfüllt ist. Den Verlauf des Zeitaufwands und des Überforderungsgrads durch die einzelnen Vertauschungen zeigt Bild 6.26.

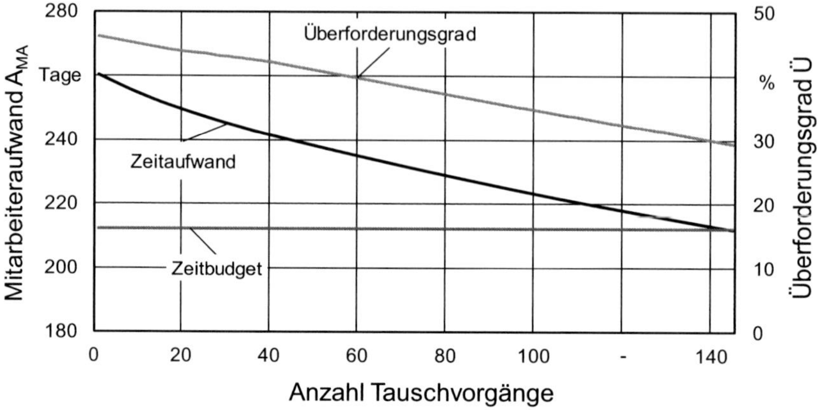

Parameter

A. Eingangsgrößen	**B. Stellgrößen**	**C. Ausgangsgrößen**	**D. Statistikwerte**
Prozesse: 800	Lernkapazität: 100 %	Zuordnungsquote: 93,50 %	Vertauschungen: 145
Prozesszeit: 2-8 Stunden	Entwicklungsbudget: 25 %	Überforderungsgrad: 29,42 %	Rechenzeit: 25 Sek
Zeitraum: 14 Tage	Traineranteil: 100 %	Mitarbeiterauslastung: 70,97 %	

Wn/87470 © IFW

Bild 6.26: Verifikation der Methode

Die Abszisse zeigt die Anzahl der Tauschvorgänge der Optimierungsschleife. Die linke Ordinate stellt den Mitarbeiteraufwand für die gefundene Zuordnung dar. Die rechte Ordinate zeigt den durchschnittlichen Überforderungsgrad der Mitarbeiter über alle zugewiesenen Prozesse. Der Verlauf des Zeitaufwands verdeutlicht, dass die Methode den Mitarbeiteraufwand solange reduziert, bis das Zeitbudget von 212 Tagen unterschritten wird. Zudem nimmt die Reduktionsrate des Zeitaufwands mit den Tauschvorgängen ab. Dies zeigt, dass die Zuordnungen, die zu großen Restriktionsverstößen führen, korrekt identifiziert werden und die Vertauschungen den gewünschten Effekt erzeugen. Die Optimierungsschleife zieht zuerst Zuordnungen zurück, die einen hohen Mitarbeiteraufwand darstellen. Dadurch wird bei geringer Varianz der Prozesszeit immer die Zuordnung verändert, die einen Trainer beinhaltet. Weiterhin verläuft die Kurve des Überforderungsgrads im Vergleich zum Zeitaufwand weniger steil. Da der Überforderungsgrad nicht von der Prozesslänge abhängt, zeigt dies, dass zuerst besonders lange Prozesse mit möglichst schnellen Mitarbeitern neubesetzt werden.

Der Verlauf der Ausgangsgrößen, in Abhängigkeit der Vertauschungen, zeigt eine korrekte Funktionsweise der schrittweisen Reduzierung des Mitarbeiteraufwands bis zur Erfüllung der Restriktionsvorgabe auf. Daher werden in der Folge die Auswirkungen der Stellgrößen Lernkapazität und Entwicklungsbudget anhand von Grenzbetrachtungen untersucht, um die Methode weiter zu erforschen.

Prozessliste 1

Zunächst wird die Prozessliste 1 mit einer Lernkapazität und einem Entwicklungsbudget von 0 % zugeordnet. Die resultierende Auslastung je Mitarbeiter bei der zeitorientierten PEP ist in Bild 6.27 dargestellt.

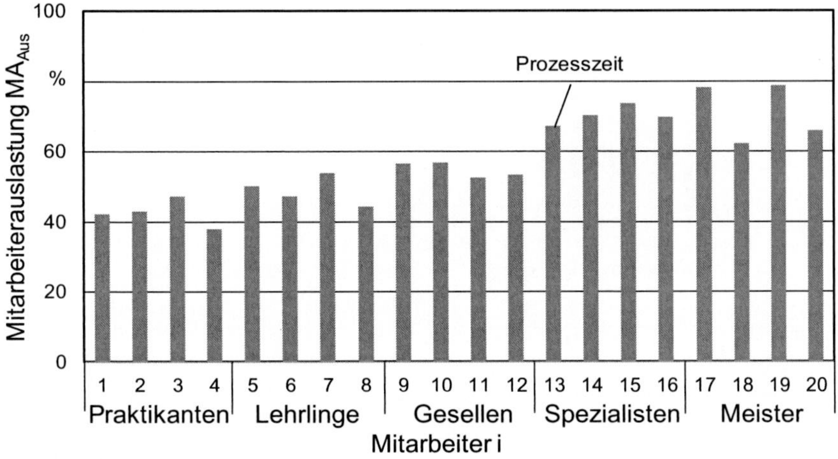

Parameter

A. Eingangsgrößen	B. Stellgrößen	C. Ausgangsgrößen	D. Statistikwerte
Prozesse: 800	Lernkapazität: 0 %	Zuordnungsquote: 95,00 %	Vertauschungen: 0
Prozesszeit: 2-8 Stunden	Entwicklungsbudget: 0 %	Überforderungsgrad: 0 %	Rechenzeit: 28 Sek
Prozessanforderungen: 2	Traineranteil: 100 %	Mitarbeiterauslastung: 57,48 %	
Zeitraum: 14 Tage			

Wn/87471 © IFW

Bild 6.27: Auslastung bei zeitorientierter PEP für Prozessliste 1

Auf der Abszisse sind die Nummern der Mitarbeiter aufgeführt, links beginnend mit den Praktikanten und rechts endend mit den Meistern. Die Ordinate stellt die Auslastung der Mitarbeiter durch den Quotienten der möglichen Einsatzzeit und des Mitarbeiteraufwands gemäß Gleichung 5.15 dar. Der Mitarbeiteraufwand entsteht bei einer Lernkapazität von 0 % allein durch die Vorgabezeit der zugeordneten Prozesse (Prozesszeit). Da keine Lernkapazität vorliegt, treten keine Lernzeiten und Trainerzeiten aufgrund von Überforderungen auf. Zudem steigt die Auslastung mit der Durchschnittskompetenz. Insgesamt werden 95 % der 800 Prozesse erfolgreich einem Mitarbeiter zugeordnet, was eine durchschnittliche Mitarbeiterauslastung von 57,48 % zur Folge hat. Die geringe Mitarbeiterauslastung deutet auf eine unkritische Fertigungssituation hin. Trotz der geringen Auslastung können nicht alle Prozesse mit einem kompetenten Mitarbeiter besetzt werden, weshalb die Lernkapazität und das Entwicklungsbudget auf 100 % erhöht werden. In Bild 6.28 ist das Ergebnis der lernorientierten PEP visualisiert.

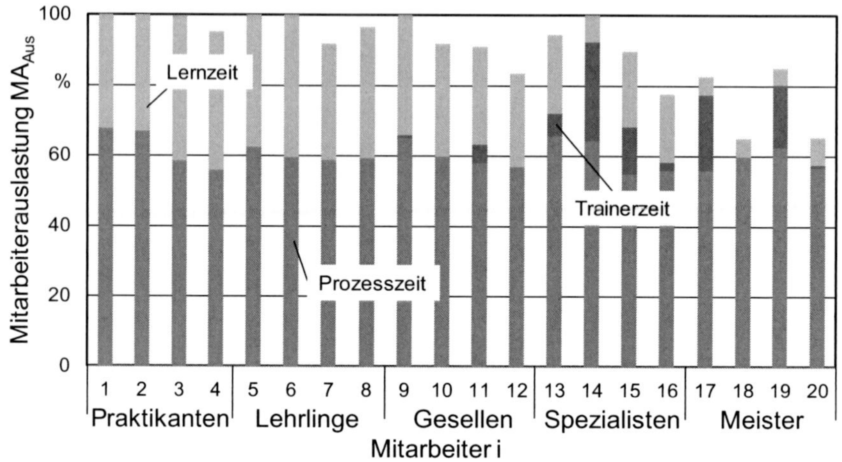

Parameter

A. Eingangsgrößen	B. Stellgrößen	C. Ausgangsgrößen	D. Statistikwerte
Prozesse: 800	Lernkapazität: 100 %	Zuordnungsquote: 99,25 %	Vertauschungen: 0
Prozesszeit: 2-8 Stunden	Entwicklungsbudget: 100 %	Überforderungsgrad: 46,31 %	Rechenzeit: 25 Sek
Prozessanforderungen: 2	Traineranteil: 100 %	Mitarbeiterauslastung: 93,18 %	
Zeitraum: 14 Tage			

Wn/87472 © IFW

Bild 6.28: Auslastung bei lernorientierter PEP für Prozessliste 1

Da Mitarbeiter gezielt gefördert und Trainer zugewiesen werden, steigt die Auslastung um 35,70 % auf 93,18 % an. Insbesondere der Anteil der Lernzeit nimmt aufgrund der hohen Lernkapazität stark zu. Dies führt vor allem bei den Mitarbeitern mit geringer Durchschnittskompetenz zu einem Anstieg der Auslastung. Die Mitarbeiter mit hoher Durchschnittskompetenz werden darüber hinaus als Trainer eingesetzt. Neben dem Überforderungsgrad steigt ebenfalls die Zuordnungsquote an, sodass lediglich sechs von 800 Prozessen unbesetzt bleiben.

Die Wahl der Grenzwerte der Stellgrößen Lernkapazität und Entwicklungsbudget für die PEP führt zu deutlichen Unterschieden bei der Mitarbeiterauslastung. Die Auswirkungen auf die Ausgangsgrößen bei einer schrittweisen Erhöhung der Lernkapazität und einem maximalen Entwicklungsbudget werden in Bild 6.29 dargestellt.

Die Ausgangsgrößen bleiben zwischen einer Lernkapazität von 0 bis 30 % unverändert. Die durchschnittliche Anzahl an Prozessanforderungen von zwei bewegt sich in einem Bereich von eins und drei. Wenn ein Mitarbeiter von einem Prozess überfordert ist, kann die Überforderung folglich minimal 33 % betragen. Dies ist der Fall, wenn drei Anforderungen vorliegen, von denen eine um eine Stufe unterschritten ist. So ist nachvollziehbar, dass sich die Ergebnisse der PEP in Abhängigkeit der Lernkapazität von 0 bis 30 % nicht verändern.

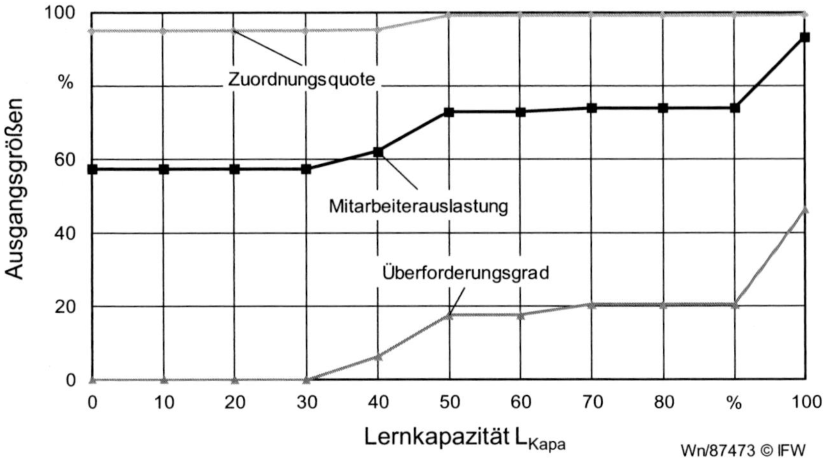

Bild 6.29: Ausgangsgrößen bei Prozessliste 1 und 100 % Entwicklungsbudget

Bei einer Lernkapazität von 40 % beginnen die Ausgangsgrößen zu steigen. Folglich bewirkt die gezielte Überforderung eine stärkere Auslastung und eine höhere Zuordnungsquote. Die Plateaus zwischen 50 und 60 % sowie 70 bis 90 % der Lernkapazität lassen sich ebenfalls durch den Überforderungsgrad erklären. Erfordert ein Prozess eine Kompetenz, kann eine vorliegende Überforderung lediglich 100 % betragen. Bei zwei Anforderungen sind Überforderungen von 50 und 100 % möglich. Bei drei Anforderungen sind 33 % sowie 67 und 100 % möglich. Für jede mögliche Anzahl an Prozessanforderungen tritt eine Überforderung von 100 % auf, was den Sprung des Überforderungsgrads und der Auslastung bei einer Lernkapazität von 100 % erklärt.

Nach der Untersuchung der schrittweisen Erhöhung der Lernkapazität wird die Stellgröße Entwicklungsbudget analysiert. Bild 6.30 bildet die Auswirkungen auf die Ausgangsgrößen bei einer Lernkapazität von 100 % ab. Der Überforderungsgrad sowie die Zuordnungsquote steigen mit dem Entwicklungsbudget degressiv an und erreichen bei einem Wert von 60 % ein Plateau. Äquivalent erhöht sich die Mitarbeiterauslastung bis zu einem Entwicklungsbudget von 50 % und erreicht ebenfalls bei 60 % ein Plateau. Das Entwicklungsbudget gibt die Restriktion für den zulässigen Mitarbeiteraufwand vor, anhand derer die gefundene Startzuordnung der PEP schrittweise optimiert wird. Aufgrund der gleichbleibenden Lernkapazität wird die Startzuordnung nicht verändert. Somit zeigt das Plateau der Ausgangsgrößen bei 60 % Entwicklungsbudget, dass die Startzuordnung die Restriktion bereits erfüllt und nicht verändert wird. Für ein Entwicklungsbudget von 0 bis 60 % wird hingegen die Startzuordnung derart verändert, dass zugewiesene Prozesse neu verteilt werden.

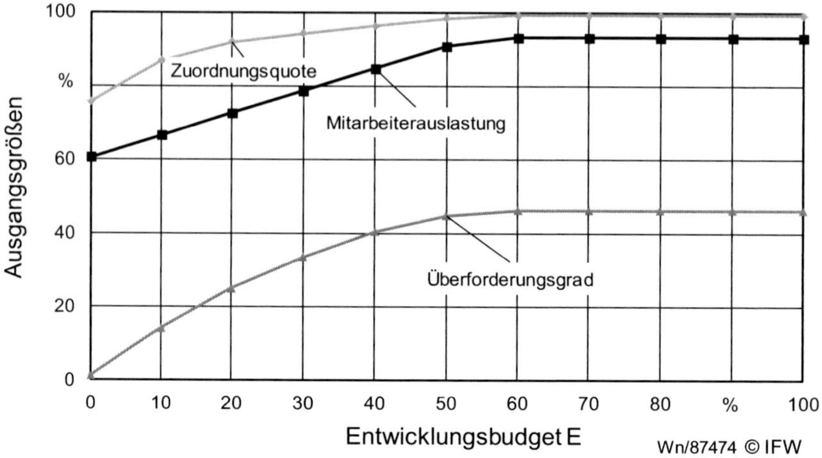

Bild 6.30: Ausgangsgrößen bei Prozessliste 1 und 100 % Lernkapazität

Einfluss der Prozessanforderungen

Zur Untersuchung der Auswirkung der Prozessanforderungen wird die Prozessliste 2 zugeordnet. In dieser enthalten die Prozesse zwischen zwei und vier Anforderungen, sodass im Schnitt eine Anforderung mehr vorliegt als in Prozessliste 1.

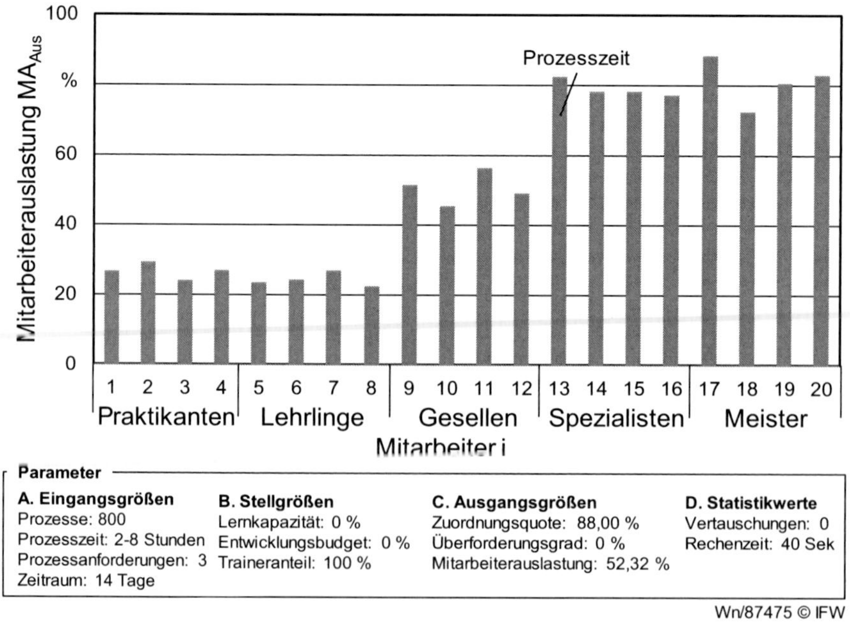

Bild 6.31: Auslastung bei zeitorientierter PEP für Prozessliste 2

Die Verteilung der Mitarbeiterauslastung für die zeitorientierte PEP zeigt Bild 6.31. Im Vergleich zur Prozessliste 1 erhalten die Spezialisten und Meister mit einer hohen Durchschnittskompetenz mehr Prozesszuordnungen. Praktikanten und Lehrlinge werden statt zu circa 40 % nur noch zu circa 25 % ausgelastet. Aufgrund der nicht zulässigen Überforderung, beträgt der Überforderungsgrad null. Die erweiterten Prozessanforderungen führen dazu, dass die Belastung bei den höher qualifizierten Mitarbeitern zunimmt und geringer qualifizierte Mitarbeiter für die Prozessdurchführung nicht mehr ausgewählt werden. Gleichzeitig werden für weniger Prozesse ausreichend kompetente und verfügbare Mitarbeiter gefunden. Entsprechend sinkt die Zuordnungsquote um 7 % und die Mitarbeiterauslastung um 5,16 %. Trotz einer niedrigen Auslastung führt die zeitorientierte PEP zu einer geringen Zuordnungsquote. Um weitere Prozesszuordnungen zu ermöglichen, werden die Lernkapazität und das Entwicklungsbudget auf 100 % erhöht. Das Ergebnis der lernorientierten PEP stellt Bild 6.32 dar.

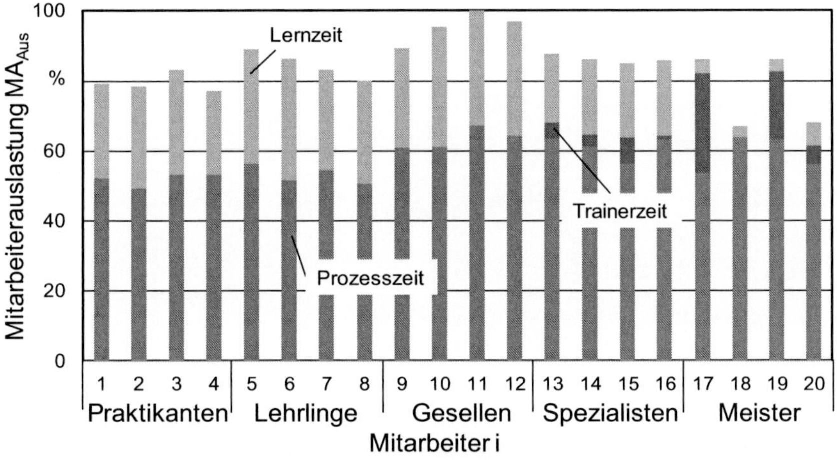

Parameter

A. Eingangsgrößen	B. Stellgrößen	C. Ausgangsgrößen	D. Statistikwerte
Prozesse: 800	Lernkapazität: 100 %	Zuordnungsquote: 97,63 %	Vertauschungen: 0
Prozesszeit: 2-8 Stunden	Entwicklungsbudget: 100 %	Überforderungsgrad: 39,85 %	Rechenzeit: 28 Sek
Prozessanforderungen: 3	Traineranteil: 100 %	Mitarbeiterauslastung: 84,62 %	
Zeitraum: 14 Tage			

Wn/87476 © IFW

Bild 6.32: Auslastung bei lernorientierter PEP für Prozessliste 2

Die Auslastung verteilt sich gleichmäßiger über die Mitarbeiter. Die Gesellen mit einer Durchschnittskompetenz von drei sind am stärksten ausgelastet. Darüber hinaus sind die Praktikanten und Lehrlinge zu circa 80 % beschäftigt und somit weniger im Vergleich zur Prozessliste 1. Die gezielte Überforderung führt zu einer Zuordnungsquote von 97,63 % und einer Mitarbeiterauslastung von 84,62 %. Der Überforderungsgrad von 39,85 % fällt im Vergleich zur Prozessliste 1 um 6,46 % geringer aus. Dies liegt daran, dass weniger Kombinationen von Prozessen und Mitarbeiter vorliegen, die den maximal zulässigen Überforderungsgrad von eins aufweisen. Bei durchschnittlich drei Anforderungen je Prozess sinkt die Wahrscheinlichkeit, dass ein Mitarbeiter bei allen Anforderungen um genau eine Stufe überfordert ist, im Vergleich zu zwei Anforderungen bei Prozessliste 1.

Einfluss der Fertigungsauslastung

Im Folgenden wird die Auswirkung einer hohen Fertigungsauslastung mithilfe der Prozessliste 3 erforscht. Dazu werden die Ausgangsgrößen der PEP bei einem maximalen Entwicklungsbudget untersucht. Bild 6.33 stellt den Verlauf der Zuordnungsquote in Abhängigkeit der Lernkapazität im Vergleich zu denen der Prozesslisten 1 und 2 dar.

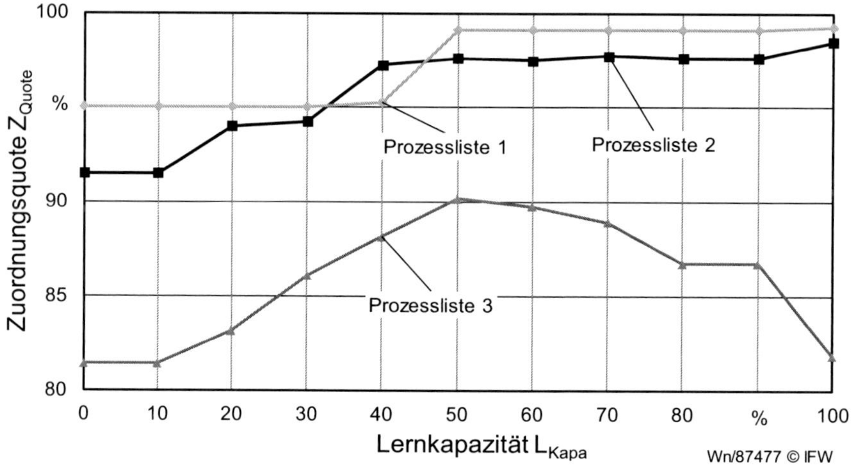

Bild 6.33: Zuordnungsquote in Abhängigkeit der Lernkapazität

Die Zuordnungsquote steigt bei niedriger Auslastung (Prozessliste 1 und 2) mit der Lernkapazität bis zu einem Plateau an. Das Plateau wird bei einer Lernkapazität von 50 % erreicht. Bis zu dieser Lernkapazität steigt ebenfalls die Zuordnungsquote bei hoher Auslastung (Prozessliste 3), ist jedoch um circa 10 % hinsichtlich der Zuordnungsquote nach unten versetzt. Für die Prozessliste mit wenigen Anforderungen (Prozessliste 1) können die meisten Prozesse zugeordnet werden. Obwohl für alle Prozesslisten die Zuordnungsquote nach einer Lernkapazität von 50 % ein vorläufiges Maximum erreicht, sind die Gründe dafür verschieden. Hierzu lässt sich der Verlauf der Mitarbeiterauslastung heranziehen, vergleiche Bild 6.34.

Äquivalent zur Zuordnungsquote steigt die Auslastung für alle Prozesslisten bis zur Lernkapazität von 50 % an. Im Fall der Prozessliste 3 ergibt sich bei dieser Lernkapazität bereits eine hohe Auslastung von 99,97 %. Für die Prozesslisten 1 und 2 liegt hingegen eine geringere Auslastung zwischen 70 und 75 % vor. Bei einer Lernkapazität von 100 % erhöht sich die Auslastung daher sprunghaft, während die Zuordnungsquote nur in geringem Maße ansteigt. Der Effekt ist somit auf den höheren Überforderungsgrad der gefundenen Zuordnung zurückzuführen. So werden die vorhandenen Freiräume für zusätzliche Lern- und Trainerzeiten genutzt.

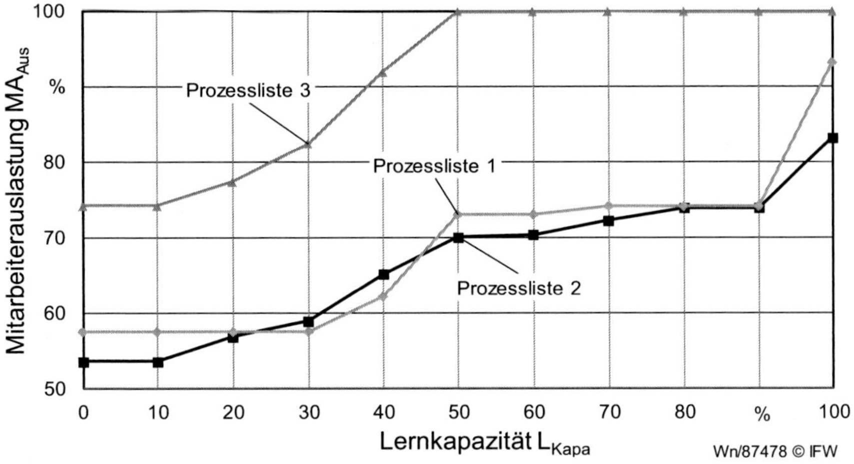

Bild 6.34: Mitarbeiterauslastung in Abhängigkeit der Lernkapazität

Während die Zuordnungsquote bei Prozessliste 1 und 2 stagniert, sinkt sie bei Prozessliste 3 mit weiter steigender Lernkapazität, vergleiche Bild 6.33. Bis zur Lernkapazität von 50 % findet die PEP somit zulässige Zuordnungen, die die Zuordnungsquote erhöhen. Mit einer weiteren Erhöhung der Lernkapazität resultieren niedrigere Zuordnungsquoten. Dies lässt sich durch die Funktionsweise des Algorithmus erklären. Um möglichst viele Prozesse einem Mitarbeiter zuzuordnen, wird zunächst eine hohe zulässige Überforderung angenommen. Übersteigt die gefundene Startzuordnung den zulässigen Mitarbeiteraufwand, werden Zuordnungen zurückgezogen, um den Mitarbeiteraufwand schrittweise zu reduzieren. Werden keine verfügbaren und kompetenten Mitarbeiter gefunden, kann der Prozess nicht zugeordnet werden und die Zuordnungsquote sinkt. Folglich überwiegen bei einer hohen Auslastung die negativen Auswirkungen durch die Vertauschungen gegenüber den positiven Effekten einer hohen zulässigen Überforderung.

Kritische Betrachtung und Zusammenfassung der Erkenntnisse

Anhand von drei unterschiedlichen Prozesslisten wurde das Verhalten der kompetenzorientierten Fertigungssteuerung für unterschiedliche Fertigungssituationen untersucht. Voraussetzung für die Verwendung der Methode sind **Eingangsgrößen** in Form von Anforderungs- und Kompetenzprofilen der Prozesse und Mitarbeiter sowie die Quantifizierung des Mitarbeitereinflusses auf die Prozesszeit. Die Leistungsfähigkeit des Mitarbeiters lässt sich, wie in Kapitel 6.2.1 gezeigt, auf Basis von Betriebsdaten herleiten. Grundvoraussetzung stellen eine BDE sowie eine ausreichend hohe

Datenqualität und -menge dar, um statistisch valide Ergebnisse zu erhalten. Alternativ lassen sich die Prozessanforderungen auf einer mehrstufigen Skala bewerten und den entsprechenden Mitarbeiterkompetenzen gegenüberstellen. Mithilfe eines Profilvergleichs können Überforderungen ermittelt und Prozessverlängerungen systematisch bestimmt werden. In diesem Fall ist die Auswirkung einer Prozessüberforderung auf die **Ausgangsgrößen** zu validieren. Zur Vereinfachung wurde ein linearer Zusammenhang angenommen. Die Zuordnung eines Trainers geschieht ebenfalls unter Zuhilfenahme der fachlichen Anforderungen und Kompetenzen. Soziale Kompetenzen, wie die Lehrfähigkeit und -bereitschaft des Trainers sowie die Lernfähigkeit und -bereitschaft des Mitarbeiters, werden zur Vereinfachung als gegeben vorausgesetzt.

Es wurden die **Stellgrößen** Lernkapazität und Entwicklungsbudget verändert und der Verlauf der Ausgangsgrößen untersucht. Zudem wurden mit der zeit- und lernorientierten PEP Grenzwerte dieser Stellgrößen analysiert. Der Traineranteil wurde auf 100 % festgesetzt, um eine möglichst hohe Kompetenzentwicklung sicherzustellen. Trotz der eingeschränkten Variation der möglichen Stellgrößen wurden durch die Untersuchungen folgende Erkenntnisse erarbeitet:

- **Auswirkungen der PEP**: Die Erhöhung der Lernkapazität und des Entwicklungsbudgets führen zu einer Verbesserung der Ausgangsgrößen, bis eine hohe Auslastung der Mitarbeiter erreicht ist. Die Verbesserung steigt sowohl mit den Anforderungen als auch mit der Anzahl der durchzuführenden Prozesse.
- **Höhe und Verteilung der Mitarbeiterbelastung**: Der Vergleich der Prozessliste 1 und 2 hat gezeigt, dass die Lernkapazität sowohl die Höhe als auch die Verteilung der Mitarbeiterbelastung signifikant beeinflusst. Aufgrund der zulässigen Überforderung steigen die Lernzeiten und die Kompetenzentwicklung an. Insbesondere bei Prozessen mit umfangreicheren Anforderungen bewirkt die Lernkapazität eine gleichmäßigere Auslastung. Mit steigender Anzahl an Anforderungen sinkt die maximal mögliche Überforderung und Kompetenzentwicklung.
- **Einfluss der Fertigungssituation**: Durch die Betrachtung der Prozessliste 3 mit einer höheren Anzahl an Prozessen im gleichen Betrachtungszeitraum wurde gezeigt, dass eine hohe Lernkapazität ebenfalls negative Auswirkungen nach sich ziehen kann. Im Fall einer hohen Auslastung sind Mitarbeiter daher nur in geringem Maße für die Kompetenzentwicklung einzuplanen, damit ausreichend Zeit für die Durchführung der Prozesse verbleibt. Ansonsten sind Prozessdurchführungen nur außerhalb des Betrachtungszeitraums möglich, was zusätzliche Kosten und gegebenenfalls Terminverzögerungen verursacht.
- **Fazit**: Die zulässige Überforderung und Auslastung haben einen großen Einfluss auf die erfolgreiche Zuordnung von Prozessen zu Mitarbeitern. Mithilfe der entwickelten Methode wird das Maximum an kompetenzfördernden Zuweisungen unter Berücksichtigung der Fertigungssituation gefunden.

7 Folgerungen für die Praxis

Die Methodik zur kompetenzorientierten Fertigungsplanung und -steuerung bietet aufgrund des interdisziplinären Charakters und unterschiedlicher Betrachtungshorizonte Anwendungspotenziale für verschiedene Zielgruppen eines Industrieunternehmens. In der Methodenentwicklung wurden zudem die Randbedingungen der Praxis berücksichtigt, um sicherzustellen, dass eine grundsätzliche Anwendbarkeit der Methoden mittels Informationssystemen nach dem Stand der Technik, zum Beispiel einem MES und einer BDE, möglich ist. So resultieren ebenfalls Anwendungspotenziale für Hersteller von PPS-Systemen durch die Integration der Methoden in bestehende Softwarelösungen.

Produzierende Unternehmen

Für die **strategische Produktionsplanung** wird ein zuverlässiges Werkzeug bereitgestellt, das die langfristigen Wechselwirkungen der Produktions- und Personalplanung abbildet und effizient aufeinander abstimmt. Damit werden Unternehmen in die Lage versetzt, Investitionsentscheidungen in neue Betriebsmittel zu bewerten, indem die Anforderungen an die Bedienung des Betriebsmittels systematisch erfasst und den Kompetenzen der Mitarbeiter gegenübergestellt werden. Die simulationsgestützte Methodik befähigt Unternehmen, Planungsalternativen der Produktion ohne Eingriff in den betrieblichen Ablauf zuverlässig zu untersuchen und hinsichtlich verschiedener Kennzahlen zu vergleichen. Dies ist zwingend erforderlich, da die Auswirkungen trotz hohem Expertenwissen aufgrund der Komplexität und Dynamik analytisch nicht vorhersagbar sind. Die Methode ermöglicht die Berücksichtigung der arbeitsintegrierten Kompetenzentwicklung durch die Personaleinsatzplanung. Infolge der Kompetenzentwicklung werden die Produktivität als auch die Flexibilität des Mitarbeiters über den Betrachtungszeitraum dynamisch betrachtet. In Abhängigkeit der Flexibilität variieren die Auswirkungen eines stochastischen Mitarbeiterausfalls und somit die Fertigungskosten. Die Anwendung im industriellen Umfeld zeigt, dass die Wahl des Personaleinsatzplans zu Einsparungen von bis zu 19,8 % der Fertigungskosten führt. Entsprechend wird durch die Methode die Voraussetzung geschaffen, die kostenoptimalen Personaleinsatzpläne in Abhängigkeit des Produktionsprogramms und der erwarteten Mitarbeiterverfügbarkeit zu bestimmen.

Ein weiterer Anwendungsbereich stellt die **operative Produktionssteuerung** durch die Verwendung der kompetenzorientierten Fertigungssteuerung dar. So befähigt das rechnergestützte Werkzeug den Anwender, die kurzfristige Personaleinsatzplanung durchzuführen. Durch die Verknüpfung zu einem ERP werden die Auftragsdaten mit definierten Arbeitsschritten sowie deren Start- und Endtermin eingelesen. Für Phasen geringer Auslastung werden Personaleinsatzpläne bereitgestellt, die eine besonders hohe Kompetenzentwicklung ermöglichen. Dazu werden die jeweiligen Mitarbeiter sowie mögliche Trainer vorgeschlagen. Führt die Auftragslage hingegen zu einer sehr hohen Auslastung, wird der Personaleinsatz zeitorientiert bestimmt. Mithilfe von Stellgrößen wird die Voraussetzung geschaffen, Konstellationen zwischen diesen Extremsituationen zu ermitteln. Durch die Anwendung der Methode wurde eine Steigerung der Kompetenzentwicklung um bis zu 62,1 % erreicht.

Die Ergebnisse zur Beschreibung und Bewertung der Mitarbeiterkompetenzen sind sowohl in der Produktionsplanung als auch in der **Personalplanung** anwendbar. Durch die Methode zur Erfassung und Nutzung von Betriebsdaten wird die Leistung der Mitarbeiter quantifiziert und kann zum Beispiel für eine Akkordentlohnung verwendet werden. Die rechtliche Grundlage für die Leistungsbewertung ist durch eine Betriebsvereinbarung inklusive der Zweckbestimmung sicherzustellen. Zum einen wird mithilfe der transparenten Darstellung der Anforderungen und Kompetenzen, zum Beispiel in einer Kompetenzmatrix, die Identifikation von Kompetenzlücken gefördert. Zum anderen wird der Wissensverlust durch das Ausscheiden älterer Mitarbeiter vermieden, indem diese frühzeitig als Trainer in der Personaleinsatzplanung eingesetzt werden. Durch regelmäßige Arbeitsplatzwechsel und Aufgabenerweiterungen werden zudem Motivationspotenziale der Mitarbeiter gesteigert. Zuletzt schafft die kompetenzorientierte Fertigungssteuerung die Voraussetzung, die Mitarbeiterbelastung mithilfe von Stellgrößen zu glätten, sodass Überlastungen reduziert und die Mitarbeiterzufriedenheit gesteigert werden.

<u>Hersteller von PPS-Systemen</u>

Anbieter von Softwaresystemen für die PPS können die kompetenzorientierte Personaleinsatzplanung in ein MES-Modul überführen. Die Integration des Algorithmus zur kompetenzorientierten Fertigungssteuerung in ein MES befähigt Hersteller von PPS-systemen dazu, neben einer Maschinenbelegung ebenfalls eine Personalzuweisung anzubieten. Infolgedessen besteht neben der Verfügbarkeit einer Maschine ein zweites Kriterium, indem die Prüfung eines verfügbaren und kompetenten Mitarbeiters für die Auftragsfreigabe geprüft wird. Die Berücksichtigung führt zu einem Multi-Ressourcen-Management innerhalb der PPS. Für Produktionssysteme mit einem hohen Mitarbeitereinfluss wird die Auftragsfreigabe aufgrund der Mitarbeiterrestriktion durchgeführt, während für automatisierte Systeme die Maschinenverfügbarkeit als erstes Kriterium gilt. Mithilfe einer Schnittstelle zur BDE wird die Voraussetzung geschaffen, das Verfahren zur Erfassung und Nutzung von Betriebsdaten zu nutzen, um die Beschreibung des Mitarbeitereinflusses permanent zu aktualisieren. In der Folge wird die Planungsgenauigkeit gesteigert sowie der Aufwand der Datenpflege reduziert.

8 Zusammenfassung und Ausblick

Die vorliegende Arbeit verfolgt das Ziel, den Einfluss und die Entwicklung von Mitarbeiterkompetenzen in der Fertigung abzubilden und bei der Planung und Steuerung zu berücksichtigen. Die Personaleinsatzplanung wurde als wesentliches Bindeglied der Personal- und Fertigungsplanung identifiziert, um durch arbeitsintegrierte Lerneffekte die Flexibilität und Produktivität der Fertigung langfristig zu steigern. Zur Reaktion auf aktuelle Fertigungssituationen, wie eine hohe Auslastung, wurde die Methode durch eine operative Personaleinsatzplanung ergänzt und innerhalb eines rechnergestützten Planungswerkzeugs umgesetzt. Die Anwendung und Erforschung der Methode in Produktionssystemen mit hohen manuellen Arbeitsanteilen sowie vielfältigen Anforderungen an die Fähigkeiten der Mitarbeiter zeigt das Potenzial einer flexiblen, reaktionsfähigen und wirtschaftlichen Fertigung auf.

Empirische Analyse von Mitarbeiterkompetenzen in der Fertigung

Aufbauend auf der Analyse des Stands des Wissens und der Erkenntnis, dass derzeitige Ansätze den Mitarbeitereinfluss nur unzureichend berücksichtigen, wurde eine empirische Analyse durchgeführt, um die Anforderungen an die kompetenzorientierte Fertigungsplanung und -steuerung zu ermitteln. Dazu wurden 43 produzierende KMU befragt. Die Flexibilität der Fertigungsorganisation (zum Beispiel Werkstattfertigung) und die Größe eines Unternehmens (ab 50 Mitarbeiter) stellen die zwei wesentlichen Randbedingungen dar, die über die Wirtschaftlichkeit einer kompetenzorientierten Planung in der Produktion entscheiden. Als wesentliche Anforderungen wurden die Unterstützung und Aufwandsreduzierung bei der Kompetenzerfassung und -dokumentation sowie die Aktualisierung der hinterlegten Daten identifiziert. Dazu ist eine Bewertung durch den Vorgesetzten sowie die Absicherung durch die Nutzung von Betriebs- und Maschinendaten erforderlich. Die wichtigste Kompetenz ist die Erfahrung eines Mitarbeiters, die zugleich leicht erfasst werden kann.

Auswertung von Produktionsdaten zur Bestimmung des Mitarbeitereinflusses

Auf Basis der Anforderungen aus der Praxis wurden ein Ansatz zur Herleitung des Mitarbeitereinflusses und dessen zeitlicher Entwicklung erarbeitet. In Abhängigkeit der unternehmensspezifischen Informationsgrundlage wurden die notwendigen Zusammenhänge für die Personaleinsatzplanung anhand von Erfahrungswissen oder Betriebsdaten aus der Produktion bestimmt. Durch die Anwendung der Methode bei einem Werkstattfertiger wurde der Mitarbeitereinfluss auf die Bearbeitungs- und Rüstzeit an 23 Arbeitsplatzgruppen untersucht. Mithilfe von über 10.000 abgeschlossenen Prozessen in einem Zeitraum von 16 Monaten wurden die individuellen Auswirkungen der 33 Mitarbeiter aus der mechanischen Fertigung bestimmt. Aus der Methodenanwendung geht hervor, dass die Mitarbeiter einen unterschiedlichen Einfluss auf die Zielerreichung haben, der wiederum einer zeitlichen Entwicklung unterliegt. Die Vorgabezeiten werden unterschiedlich schnell erreicht. Zudem wird die Vorgabezeit mitarbeiterabhängig zwischen 30 % unter- und 50 % überschritten. Die Mitarbeitererfahrung, gemessen anhand der Anzahl an durchgeführten Prozessen, stellt den wesentlichen Einflussfaktor dar. Gleichzeitig sind Faktoren, wie die Lerngeschwindigkeit, zu berücksichtigen, die zu einer Streuung der Ergebnisse führen.

Simulationsgestützte Bewertung der Mitarbeiterkompetenz in der Fertigungsplanung

Zur Identifikation des langfristig optimalen Personaleinsatzplans wurde ein Ansatz mithilfe der Simulationstechnik entwickelt und bei einem Unternehmen mit Reihenfertigung und hohen manuellen Arbeitsanteilen erforscht. Für die Errichtung einer neuen Fertigungslinie standen fünf Mitarbeiter zur Verfügung, deren Kompetenzentwicklung anhand von Lern- und Vergessensprozessen abgebildet wurden. Mithilfe der Stellgröße des Personaleinsatzes und der Mehrfachqualifikation wurden die Mitarbeiterflexibilität und deren Einfluss auf die Fertigungskosten untersucht. Durch die Wahl des Personaleinsatzplans wurden Unterschiede von 19,8 % der Fertigungskosten ermittelt. Aufgrund regelmäßiger Arbeitsplatzwechsel und der arbeitsintegrierten Kompetenzentwicklung konnte die Einsatzflexibilität gezielt gesteigert werden. Mit zunehmenden Arbeitsplatzwechseln wurde die Verteilung der Kompetenz über die Mitarbeiter breiter und gleichzeitig flacher. Infolgedessen wurden negative Auswirkungen eines Mitarbeiterausfalls reduziert, die anhand von Wartezeiten in der Fertigung quantifiziert wurden.

Als Störgrößen wurden die Mitarbeiterverfügbarkeit und die zu fertigende Stückzahl variiert, da diese zu Planungsbeginn lediglich abgeschätzt werden können. Bei einer Verfügbarkeit von 90 % führen die Mitarbeiterausfälle dazu, dass die 2-fach statt der 1-fach Qualifikation die geringsten Fertigungsstückkosten verursacht. Die Reduzierung der Mitarbeiterverfügbarkeit auf 60 % hat gezeigt, dass eine 3-fach Qualifikation als Mehrfachqualifikation optimal ist. Die Analyse der Stückzahl weist einen ähnlichen Einfluss auf. Zu häufige Arbeitsplatzwechsel führten wiederum dazu, dass die Effekte des Vergessens gegenüber denen des Lernens überwiegen und keine breitere Qualifizierung als eine 3-fach Qualifikation zu empfehlen ist.

Anpassung der Personaleinsatzplanung in Abhängigkeit der Fertigungssituation

Die kurzfristige Anpassung des Personaleinsatzplans wurde für unterschiedliche Fertigungssituationen (Kompetenzanforderungen, Fertigungsauslastung) untersucht. Mithilfe der Stellgröße Lernkapazität wurde der Einsatz eines Mitarbeiters gesteuert und die Kompetenzentwicklung gefördert. Gleichzeitig wurden erfahrene Mitarbeiter zusätzlich als Trainer zugeteilt. Als Ausgangsgrößen wurden die Mitarbeiterauslastung und der Anteil zugewiesener Prozesse bestimmt. Die Erhöhung der Lernkapazität führte zu einer Verbesserung der Ausgangsgrößen, bis eine hohe Auslastung der Mitarbeiter erreicht wurde. Im Fall einer hohen Auslastung sind Mitarbeiter nur in geringem Maße für die Kompetenzentwicklung einzuplanen, damit ausreichend Zeit für die Durchführung der Prozesse verbleibt. Der Vergleich der Situation mit hohen und niedrigen Anforderungen hat gezeigt, dass die Lernkapazität sowohl die Höhe als auch die Verteilung der Mitarbeiterbelastung signifikant beeinflusst. Aufgrund der zulässigen Überforderung stiegen die Lernzeiten und die Kompetenzentwicklung an. Insbesondere bei umfangreichen Anforderungen bewirkte die Lernkapazität eine gleichmäßigere Auslastung. Mithilfe der entwickelten Methode wurde das Maximum an kompetenzfördernden Zuweisungen unter Berücksichtigung der Fertigungssituation gefunden.

Ausblick

Für diese Arbeit wurden mehrere mitarbeiterbezogene Einflussgrößen und deren Auswirkungen auf die Produktionsziele untersucht. Aufgrund der exponentiell steigenden Anzahl an Planungsszenarien wurden die Stell- und Störgrößen zu teilfaktoriellen Versuchsplänen reduziert. Beispielsweise wurde die Besetzung von Arbeitsplätzen durch bestimmte Mitarbeiterkombinationen eingeschränkt. Mit Ansätzen der statistischen Versuchsplanung (Design of Experiments, DoE) können teilfaktorielle Versuchspläne ohne eine derartige Einschränkung erzeugt werden. Dadurch wird die Wahrscheinlichkeit einer besseren Stellgrößenkombination bei konstantem Aufwand gesteigert. Zudem ist die Anwendung der Methode für weitere Planungsfälle denkbar, um zusätzliche Erkenntnisse zu gewinnen. Im Fall von Vorerfahrungen sind unterschiedliche Anfangskompetenzen in die Methode einzugeben. Hieraus resultiert die Forschungsfrage, ab wann es sinnvoll ist, einen wichtigen Arbeitsplatz durch einen unerfahrenen Mitarbeiter mit hohem Entwicklungspotenzial im Vergleich zu einem erfahrenen Mitarbeiter mit geringerem Potenzial zu besetzen. Weiterhin ist der Einfluss des Ausfallverhaltens genauer zu betrachten, um Auswirkungen langfristiger Ausfälle zu untersuchen. In diesem Zusammenhang sind weitere Einflussfaktoren des Mitarbeitereinflusses auf die Produktionsziele vorstellbar, wie der Biorhythmus des Menschen, die sozialen Kompetenzen und persönlichen Neigungen der Mitarbeiter. So ist die Zielerreichung innerhalb einer Schicht aufgrund abnehmender Konzentration sowie zwischen diesen im Fall von Spät- und Nachtschichten zu erforschen. Zudem sind die Lernbereitschaft und das persönliche Interesse für eine effiziente Kompetenzentwicklung sicherzustellen.

Weiteres Potenzial bietet die Integration der kompetenzorientierten Fertigungssteuerung inklusive der Auswertung von mitarbeiterbezogenen Betriebsdaten in ein MES. Hierdurch wird die Personaleinsatzplanung mit einem minimierten Inbetriebnahme- und Pflegeaufwand ermöglicht. Der Vergleich von Ist- und Vorgabezeiten hinsichtlich mitarbeiterbezogener Ergebnisse ist zudem auf andere Produktionsressourcen zu übertragen. Hierzu ist ein Konzept zur automatisierten Rückführung der Betriebsdaten zu entwickeln, um die Planungsgenauigkeit während der Nutzungsphase des MES aufgrund von Lerneffekten oder Prozessverbesserungen sicherzustellen. Dabei ist zwischen deterministischen und stochastischen Daten zu unterscheiden. Bei deterministischen Daten, zum Beispiel bei maschinenbedingten Hauptzeiten, wird die Ist-Zeit zeitpunktbezogen aus den Betriebsdaten ermittelt und anhand dessen die Plandaten erneut parametriert. Hierzu sind Grenzen, zum Beispiel die Anzahl und Höhe der Abweichung von Vorgabe- und Ist-Zeit, zu definieren, bei deren Überschreitung Plandaten überschrieben werden. Für ein komplexes Verhalten, das lediglich durch Wahrscheinlichkeitsaussagen beschrieben werden kann, zum Beispiel schwankende Rüstzeiten, werden hingegen stochastische Daten betrachtet. Um diese Daten in einem MES abzubilden, wird die Datenbasis eines längeren Zeitraums analysiert, um statistisch abgesicherte Verteilungen, zum Beispiel Normalverteilungen, oder Mittelwerte zu entwickeln. Somit wird sowohl die zeit-, personal- und kostenintensive Datenpflege auf ein Minimum reduziert als auch eine stetige Verbesserung der Planungsgenauigkeit mit zunehmender Einsatzzeit erreicht.

Zuletzt ist die Weiterentwicklung und Übertragung des Profilvergleichs auf die Arbeitsplanung für weitere Ressourcen denkbar. Die Beschreibung der Anforderungen eines Arbeitsschritts ist auf Maschinen und Werkzeuge anhand allgemeingültiger Merkmale zu erweitern. Durch den Abgleich der Fähigkeiten der technologischen Ressourcen sowie deren Verfügbarkeit zum geforderten Zeitpunkt werden mögliche Arbeitsabfolgen identifiziert. Zur Auswahl der wirtschaftlichsten Arbeitsabfolge ist eine Bewertungssystematik zu entwickeln. Diese sollte eine multikriterielle Bewertung, zum Beispiel Zeit, Kosten, Qualität, zur Entscheidungsunterstützung anhand erfasster Betriebsdaten ermöglichen. Hierzu sind die Zusammenhänge realisierter Produktionsergebnisse, zum Beispiel Rüst- und Bearbeitungszeit, Ausschuss, in Abhängigkeit der verwendeten Prozess-Produktionsressourcen-Kombination zu analysieren und herzuleiten. Entspricht eine Arbeitsschritt-Produktionsressourcen-Kombination vollständig einer aus der Vergangenheit, können die erzielten Produktionsergebnisse 1:1 zur Prognose verwendet werden. Entsprechen sich die Kombinationen nur teilweise, werden anhand der Ressourcenmerkmale Ähnlichkeitsbetrachtungen, zum Beispiel Regressionsanalysen mit mehreren unabhängigen Variablen, durchgeführt. Dadurch werden sowohl der Einfluss einzelner Merkmale als auch Interaktionseffekte mehrerer Merkmale auf die Zielgrößen bestimmt.

9 Literaturverzeichnis

[ABE11] Abele, E.; Reinhart, G.: Zukunft der Produktion: Herausforderungen, Forschungsfelder, Chancen. Carl Hanser Verlag, 2011

[ANT94] Antoni, C. H.: Gruppenarbeit – mehr als ein Konzept. Darstellung und Vergleich unterschiedlicher Formen der Gruppenarbeit. In: Antoni, C. H.: Gruppenarbeit – Konzepte, Erfahrungen, Perspektiven. Psychologie Verlags Union, 1994, S. 19 – 48

[ASC06] Aschhoff, B. et. al.: Innovationsverhalten der deutschen Wirtschaft. Indikatorenbericht zur Innovationserhebung. Zentrum für Europäische Wirtschaftsforschung, 2006

[ASK08] Askar, G.: Optimierte Flexibilitätsnutzung in Automobilwerken. Dr. oec. Dissertation, Technische Universität Clausthal, 2008

[BAC00] Backhaus, K.; Erichson, B.; Plinke, W.; Weiber, R.: Multivariate Analysemethoden. Eine anwendungsorientierte Einführung. 9. Auflage, Springer Verlag, 2000

[BAU16] Bauernhansl, T.; Krüger, J.; Reinhart, G.; Schuh, G.: WGP-Standpunktpapier Industrie 4.0. Online, Abruf: 14.10.2016

[BDS16] Bundesdatenschutzgesetz § 4d Absatz 5. Online, Abruf: 19.10. 2016

[BEC13] Becker, M.: Personalentwicklung. Bildung, Förderung und Organisationsentwicklung in Theorie und Praxis. 6. Auflage, Schäffer-Peschel Verlag, 2002

[BEI08] Beierle, C.; Kern-Isberner, G.: Methoden wissensbasierter Systeme. Grundlagen, Algorithmen, Anwendungen. 4. Auflage, Vieweg + Teubner Verlag, 2008

[BER97] Bernien, M.: Anforderungen an eine qualitative und quantitative Darstellung der beruflichen Kompetenzentwicklung. In: Arbeitsgemeinschaft Qualifikationsentwicklungs-Management Berlin: Kompetenzentwicklung '97. Berufliche Weiterbildung in der Transformation – Fakten und Visionen. Waxmann Verlag, 1997, S. 17 – 83

[BEV16a] Betriebsverfassungsgesetz § 80 Absatz 1. Online, Abruf: 19.10. 2016

[BEV16b] Betriebsverfassungsgesetz § 87 Absatz 1. Online, Abruf: 19.10.2016

[BIL07] Bilsing, A.: Kennzahlengestützte Bewertung der technologischen Leistungsfähigkeit der Fertigung im Werkzeug- und Formenbau. Dr.-Ing. Dissertation, Rheinisch-Westfälische Technische Hochschule Aachen, 2007

[BMB14] N.N.: Weiterbildungsverhalten in Deutschland 2014. Ergebnisse des Adult Education Survey – AES Trendbericht. Bundesministerium für Bildung und Forschung, 2014

[BOG02] Bogus, T.: Simulationsbasierte Gestaltung von Arbeitszeitmodellen in Dienstleistungsbetrieben mit kundenfrequenzabhängigem Arbeitszeitbedarf. Dr.-Ing. Dissertation, Karlsruher Institut für Technologie, 2002

[BÖR06] Börsch-Supan, A.; Düzgün, I.; Weiss, M.: Altern und Produktivität. Zum Stand der Forschung. Mannheim Research Institute for the Economics of Aging, MEA Diskussionspapier Nr. 148 – 06, 2006

[BUL04] Bullinger, H.-J.; Mytzek, R.; Zeller, B.: Soft Skills. Überfachliche Qualifikationen für berufliche Arbeitsprozesse. W. Bertelsmann Verlag, 2004

[CHA14] Charlin, F.: Kompetenzorientierte Fertigungsplanung. Herausforderung, Potenzial und Strategie für die wissensintensive Produktion. Dr.-Ing. Dissertation, Leibniz Universität Hannover, 2014

[CON59] Conway, R.; Schultz, A.: The Manufacturing Progress Function. Journal of Industrial Engineering, Vol. 10, 1959, S. 39 – 53

[DAE97] Daenzer, W. F.: Systems Engineering. Methodik und Praxis. 9. Auflage, Verlag Industrielle Organisation, 1997

[DEH10] Dehnbostel, P.: Betriebliche Bildungsarbeit. Kompetenzbasierte Aus- und Weiterbildung im Betrieb. Baltmannsweiler Verlag, 2010

[DEN10] Denkena, B.; Lorenzen, L.-E.; Charlin, F.; Dengler, B.: Quo vadis Arbeitsplanung. Marktstudie zu den Entwicklungstrends von Arbeitsplanungssoftware. Industrial Engineering, Vol. 63, 2010, S. 6 – 11

[DEN13a] Denkena, B., Charlin, F., Winter, F., Fauser, M., Becker, G.: Kompetenzorientierung in der Fertigungsplanung. Studie zum Potenzial einer systematischen Berücksichtigung von Mitarbeiterkompetenzen in Planungssystemen. Productivity Management, Vol. 18/2, 2013, S. 25 – 28

[DEN13b] Denkena, B., Nyhuis P., Charlin, F., Meyer, G., Winter, F.: Kompetenzorientierte Produktionsplanung. Simulationsbasierte Produktionsplanung unter Berücksichtigung von Mitarbeiterkompetenzen. wt Werkstattstechnik online, Vol. 103/3, 2013, S. 216 – 220

[DEN14] Denkena, B., Winter, F.: Simulation-based planning of production capacity through integrative roadmapping in the wind turbine industry. 9th CIRP Conference on Intelligent Computation in Manufacturing Engineering (ICME), 23. bis 25. Juli 2014, S. 105 – 110, Capri

[DQR09] N. N.: Der Deutsche Qualifikationsrahmen (DQR). Chancen und Risiken aus gewerkschaftlicher Sicht. DGB-Bundesvorstand, Bereich Bildung, Qualifizierung, Forschung, 2009

[DRE87] Dreyfus, H.; Dreyfus, S.: Künstliche Intelligenz. Von den Grenzen der Denkmaschine und dem Wert der Intuition. Rowohlt Verlag, 1987

[DRE04] Dreyfus, S. E.: The Five-Stage Model of Adult Skill Acquisition. SAGE Publications, 2004

[EBB71] Ebbinghaus, H.: Über das Gedächtnis. Wissenschaftliche Buchgesellschaft, 1971

[ENG04] Engroff, B.: Praktischer Einsatz von Kennzahlen und Kennzahlensystemen in der Produktion. Erfahrungsbericht der AWF Arbeitsgemeinschaft „Kennzahlen und Kennzahlensysteme zur Unternehmensführung und -steuerung". AWF-Selbstverlag, 2004

[ERP08] Erpenbeck, J.; von Rosenstiel, L.: Handbuch Kompetenzmessung: Erkennen, verstehen und bewerten von Kompetenzen in der betrieblichen, pädagogischen und psychologischen Praxis. Schäffer-Poeschel Verlag, 2008

[EST00] Ester, M.; Sander, J.: Knowledge Discovery in Databases. Techniken und Anwendungen. Springer Verlag, 2000

[EVE02] Eversheim, W.: Organisation in der Produktionstechnik 3: Arbeitsvorbereitung. 4. Auflage, Springer Verlag, 2002

[FAI13] N. N.: Business Intelligence and Big Data Analytics: Speeding the Cycle from Insights to Action. Four Steps to More Profitable Customer Engagement. FICO, Online, Abruf: 29.12.2016

[FAY96] Fayyad, U.; Piatetsky-Shapiro, G.; Smyth, P.: From Data Mining to Knowledge Discovery in Databases. Artificial Intelligence Magazine, Vol. 17/3, 1996, S. 37 – 54

[FRA05] Franke, G.: Facetten der Kompetenzentwicklung. Bundesinstitut für Berufsbildung, W. Bertelsmann Verlag, 2005

[FRE96] Frei, F.; et al.: Die kompetente Organisation. vdf Hochschulverlag, 1996

[GEI97] Geitner, U. W.: Betriebsinformatik für Produktionsbetriebe. Teil 5 Produktionsinformatik. 3. Auflage, Carl Hanser Verlag, 1997

[GER00] Gerken, H.: Management von Erfahrungen mit einem Assistenzsystem für die Arbeitsplanung. Dr.-Ing. Dissertation. Karlsruher Institut für Technologie, 2000

[GIE06] Gierth, A., Schmidt, C.: Zeitdynamische Simulation in der Produktion. In: Schuh, G.: Produktionsplanung und -steuerung. Springer Verlag, 2006

[GIL05] Gillen, J.: Kompetenzanalysen als berufliche Entwicklungschance. Eine Konzeption zur Förderung beruflicher Handlungskompetenz. Dissertation, Helmut-Schmidt-Universität, 2005

[GRE01] Greiff, M. de: Die Prognose von Lernkurven in der manuellen Montage unter besonderer Berücksichtigung der Lernkurven von Grundbewegungen, VDI Verlag, 2001

[GRÖ04] Gröne, T., Beyer, M., Clemenz, J., Eberhardt, A., Ostermaier, M.: Effizientes Kompetenzmanagement in Unternehmen. ibidem Verlag, 2004

[GRO92] Groth, U.: Kennzahlensystem zur Beurteilung und Analyse der Leistungsfähigkeit einer Fertigung. Einsatz von personellen, organisatorischen und technischen Kennzahlen. Dr.-Ing. Dissertation, Universität Hannover, 1992

[HAC77] Hackstein, R.: Arbeitswissenschaft im Umriß. Band 2: Grundlagen und Anwendung, Girardet Verlag, 1977

[HAC89] Hackstein, R.: Produktionsplanung und -steuerung. Ein Handbuch für die Betriebspraxis. VDI Verlag, 1989

[HÄM93] Hämmerle, E.: Werkstattorientierte Systeme zur Arbeitsplanung und kurzfristigen Fertigungssteuerung. Dr.-Ing. Dissertation, Universität Bremen, 1993

[HEE99] Heel, J.: Reorganisation des Personaleinsatzes mit Hilfe der personalorientierten Simulation. Dr.-Ing Dissertation, Karlsruher Institut für Technologie, 1999

[HEI94] Heitz, M.-J.: Ein engpaßorientierter Ansatz zur simulationsunterstützten Planung von Personalstrukturen. Dr.-Ing Dissertation, Karlsruher Institut für Technologie, 1994

[HEM10] Hemig, C.: Integrierte Produktions- und Personalplanung auf parallelen Produktionslinien in der Automobilindustrie. Dr.-Ing. Dissertation, Technische Universität Clausthal, 2010

[HIE91] Hieber, W.L.: Lern- und Erfahrungskurveneffekte und ihre Bestimmung in der flexibel automatisierten Produktion. Vahlen Verlag, 1991

[HOR97] Hornung, V.: Personalwesen. In: Luczak, H.; Volpert, W.: Handbuch Arbeitswissenschaft. Springer Verlag, 1997, S. 958 – 963

[HOS95] Hossiep, R.: Berufseignungsdiagnostische Entscheidungen. Hogrefe Verlag, 1995

[HUN14] Hungenberg, H.: Strategisches Management in Unternehmen. Ziele-Prozesse-Verfahren. 8. Auflage, Gabler Verlag, 2006

[JES13] Jeske, T.: Entwicklung einer Methode zur Prognose der Anlernzeit sensumotorischer Tätigkeiten, Dr.-Ing. Dissertation, Rheinisch-Westfälische Technische Hochschule Aachen, 2013

[JON55] Jong, J. R. de: Fertigkeit, Stückzahl und benötigte Zeit. REFA-Nachrichten. Beuth Verlag, 1955

[JUN11] Jung, H.: Personalwirtschaft. De Gruyter Oldenbourg Verlag, 9. Auflage, 2011

[KAU03] Kauffeld, S.; Grote, S.; Frieling, E.: Das Kasseler-Kompetenz-Raster (KKR). In: Erpenbeck, J.; von Rosenstiel, L.: Handbuch Kompetenzmessung - Erkennen, verstehen und bewerten von Kompetenzen in der betrieblichen, pädagogischen und psychologischen Praxis. Schäffer-Poeschel Verlag, 2003, S. 261 – 282

[KLE07] Kletti, J.: Konzeption und Einführung von MES-Systemen, Springer Verlag, 2007

[KOC01] Koch, A.: Entwicklung und Erprobung eines Vorgehens zur kompetenzorientierten Personaleinsatzplanung und zur Evaluation von Prozessen der Kompetenzentwicklung in projektorientierten Strukturen. Dr. oec. Dissertation, Universität Bremen, 2001

[KOR12] Korte, B.; Vygen, J.: Kombinatorische Optimierung. Theorie und Algorithmen. 2. Auflage, Springer Verlag, 2012

[LAN07] Landau, K.: Lexikon Arbeitsgestaltung. Best Practice im Arbeitsprozess. Gentner Verlag, 2007

[LEV65] Levy, F.K.: Adaption in the production process. Management Science, Vol. 11, 1965, S. 136 – 154

[LIE13] Lieber, D.; Erohin, O.; Deuse, J.: Wissensentdeckung im industriellen Kontext. Herausforderungen und Anwendungsbeispiele. ZWF Zeitschrift für wirtschaftlichen Fabrikbetrieb, Vol. 108/6, 2013, S. 388 – 393

[LOT12] Lotter, B.; Wiendahl, H.-P.: Montage in der industriellen Produktion. Ein Handbuch für die Praxis. Springer Verlag, 2012

[MAG98] Mag, W.: Einführung in die betriebliche Personalplanung. 2. Auflage, Vahlen Verlag, 1998

[MAN96] Mansfield, B.; Mitchell, L.: Towards a Competent Workforce. Gower Publishing Limited, 1996

[MAT12] Matuschek, N.: Implementierung selbstoptimierender Prozessmechanismen in Produktionssysteme. Dr.-Ing. Dissertation, Rheinisch-Westfälische Technische Hochschule Aachen, 2012

[MAY11] Mayrhofer, W.; März, L.; Sihn, W.: Planning assistance for pearl chain forecasts and personnel assignment planning of sequenced assembly lines. CIRP Annals - Manufacturing Technology, Vol. 60, 2011, S. 481 – 484

[MEH04] Mehnert, J.: Gestaltung und Integration von Arbeitsplanungskompetenzen für hierarchielose Produktionsnetze. Dr.-Ing. Dissertation, Technische Universität Chemnitz, 2004

[MPD14] N. N.: HYDRA-Personaleinsatzplanung. MPDV Mikrolab GmbH. Online, Abruf: 29.12.2016

[NOR13] North, K.; Reinhardt, K.; Sieber-Suter, B.: Kompetenzmanagement in der Praxis. Mitarbeiterkompetenzen systematisch identifizieren, nutzen und entwickeln. Gabler Verlag, 2013

[NOV90] Michel, C.; Novak, F.: Kleines psychologisches Wörterbuch. Herder Verlag, 1990

[OEC94] Oechsler, W. A.: Personal und Arbeit: Einführung in die Personalwirtschaft unter Einbeziehung des Arbeitsrechts. Oldenbourg Verlag, 1994

[PAW05] Pawlowsky, P.; Menzel, D.; Wilkens, U.: Wissens- und Kompetenzerfassung in Organisationen. In: Arbeitsgemeinschaft QUEM: Kompetenzmessung im Unternehmen. Waxmann Verlag, 2005, S. 341 – 452

[PFE07] Pfeiffer, S.: Montage und Erfahrung. Hampp Verlag, 2007

[PUP90] Puppe, F.: Problemlösungsmethoden in Expertensystemen. Springer Verlag, 1990

[PUP91] Puppe, F.: Einführung in Expertensystemen. Springer Verlag, 1991

[RAN00] Randall, R.; Ferguson, E.; Patterson, F.: Self-assessment accuracy and assessment centre decisions. Journal of Occupational and Organizational Psychology, Vol. 73, 2000, S. 443 – 459

[RAU07] Rauner, F.; Grollmann, P.; Martens, T.: Messen beruflicher Kompetenz(entwicklung). ITB-Forschungsberichte 21, Universität Bremen, 2007

[REB99] Reber, G.: Personalinformationssysteme. Schäffer-Poeschel Verlag, 1999

[RIC05] Richter, F.: Lernförderlichkeit der Arbeitssituation und Entwicklung von beruflicher Handlungskompetenz. Dr. Kovac Verlag, 2005

[RID99] Ridder, H.-G.: Personalwirtschaftslehre. 2. Auflage, Kohlhammer Verlag, 1999

[ROT05] Rottinger, S.: Mehrphasige Personalentwicklungsplanung für Fertigungssysteme auf Basis des Technologiekalender-Konzeptes. Dr.-Ing Dissertation, Karlsruher Institut für Technologie, 2005

[SCH10] Schlick, C. M.; Bruder, R.; Luczak, H.: Arbeitswissenschaft. 3. Auflage, Springer Verlag, 2010

[SCH15] Schmidt, J.: Integrierte Arbeitsplanung und Fertigungssteuerung auf Basis von Zustandsinformationen. Dr.-Ing. Dissertation, Leibniz Universität Hannover, 2015

[SCH00] Scholz, C.: Personalmanagement: Informationsorientierte und verhaltenstheoretische Grundlagen. 5. Auflage, Vahlen Verlag, 2000

[SCH12] Schuh, G., Stich, V.: Produktionsplanung und -steuerung 1. Grundlagen der PPS. 4. Auflage, Springer Verlag, 2012

[SCH16] Schuh, G., Blum, M., Reschke, J., Birkmeier, M.: Der Digitale Schatten in der Auftragsabwicklung. ZWF Zeitschrift für wirtschaftlichen Fabrikbetrieb, Vol. 111/1, 2016, S. 48 – 51

[SCH97] Schumpeter, J. A.: Theorie der wirtschaftlichen Entwicklung. 9. Auflage, Duncker und Humblot Verlag, 1997

[SON99] Sonntag, K.; Schaper, N.: Förderung beruflicher Handlungskompetenz. In: Sonntag, K.; Schaper, N: Personalentwicklung in Organisationen, Hogrefe Verlag, 1999, S. 270 – 312

[STA99] Staehle, W. H.; Conrad, P.; Sydow, J.: Management. Eine verhaltenswissenschaftliche Perspektive. Vahlen Verlag, 1999

[STI15a] Stich, V. et al.: Industrie 4.0 Readiness Studie. Impuls Stiftung, 2015

[STI15b] Stich, V., Hering, N.: Daten und Software als entscheidender Wettbewerbsfaktor. Industrie 4.0 Magazin. Vol. 1, 2015, S. 8 – 13

[STO13] Stock, T.: Ein Verfahren zur Personalplanung und -steuerung und Restrukturierung der Aufbauorganisation für eine bedarfsorientierte und wandlungsfähige Produktion. Dr.-Ing. Dissertation, Universität Stuttgart und Fraunhofer IPA, 2013

[STR95] Strohmeier, S.: Die Integration von Unternehmens- und Personalplanung. Gabler Verlag, 1995

[TIS14] Tisch, M.; Adolph, S.; Metternich, J.; Bauernhansl, T.; Reinhart, G.: Innovative Ansätze zur Kompetenzentwicklung für die Produktion der Zukunft. ZWF Zeitschrift für wirtschaftlichen Fabrikbetrieb, Vol. 109/9, 2014, S. 588 – 590

[ULI05] Ulich, E.: Arbeitspsychologie. 6. Auflage, Schäffer-Poeschel Verlag, 2005

[ULL95] Ullrich, G.: Wirtschaftliches Anlernen in der Serienmontage. Ein Beitrag zur Lernkurventheorie. Dr.-Ing. Dissertation, Universität Duisburg-Essen, 1995

[ULR76] Ulrich, P., Hill, W.: Wissenschaftstheoretische Grundlagen der Betriebswirtschaftslehre (Teil II). WiSt – Wirtschaftswissenschaftliches Studium, Vol. 8/5, 1976, S. 345 – 350

[VDI01] N. N.: VDI-Richtlinie 3633, Blatt 6: Simulation von Logistik-, Materialfluss- und Produktionssystemen. Abbildung des Personals in Simulationsmodellen. VDI Verein Deutscher Ingenieure, Beuth Verlag, 2001

[VDI15] N. N.: VDI-Richtlinie 5600, Blatt 1: Fertigungsmanagementsysteme, Manufacturing Execution Systems (MES). VDI Verein Deutscher Ingenieure, Beuth Verlag, 2015

[WES86] Westkämper, E.: Strategische Investitionsplanung mit Hilfe eines Technologiekalenders. In: Wildemann, H: Strategische Investitionsplanung für neue Technologien in der Produktion. Tagungsband zum 2. Fertigungswirtschaftlichen Kolloquium, 5. - 7. März 1986, S. 143 – 182, Passau

[WIE96] Wiegand, M.: Prozesse Organisationalen Lernens. Gabler Verlag, 1996

[WIE09] Wiendahl, H.-P.: Betriebsorganisation für Ingenieure. 7. Auflage, Hanser Verlag, 2010

[WIM91] Wimmer, P.: Personalplanung: Problemorientierter Überblick, theoretische Vertiefung, Thieme Verlag, 1991

[WIT09] Witzgall, E.: Kompetenzmanagement in der industriellen Produktion: Das Tool "CM ProWork". Expert Verlag, 2009

[WRI36] Wright, T. P.: Factors affecting the cost of airplanes. Journal of aeronautical Sciences, Vol. 3/4, 1936, S. 122 – 128

[ZÜL76] Zülch, G.: Anwendung der Profilmethode bei der qualitativen Personaleinsatzplanung. Zeitschrift für Arbeitswissenschaft, Vol. 39/4, 1976, S. 226 – 233

[ZÜL79] Zülch, G.; Niessner, C.: Entwicklung eines Optimierungsverfahrens zur qualitativen Personaleinsatzplanung im Bereich der industriellen Fertigung. Forschungsinstitut für Rationalisierung an der Rheinisch-Westfälischen Technischen Hochschule Aachen, Schlussbericht zum DFG-Projekt Ha 531/28, 1979

[ZÜL10] Zülch, G.: Stand und Entwicklungstendenzen der personalorientierten Simulation. In: Zülch, G.; Stock, P.: Integrationsaspekte der Simulation: Technik, Organisation und Personal. ASIM Fachtagung „Simulation in Produktion und Logistik“, 7. und 8. Oktober 2010, S. 1 – 19, Karlsruhe

10 Anhang

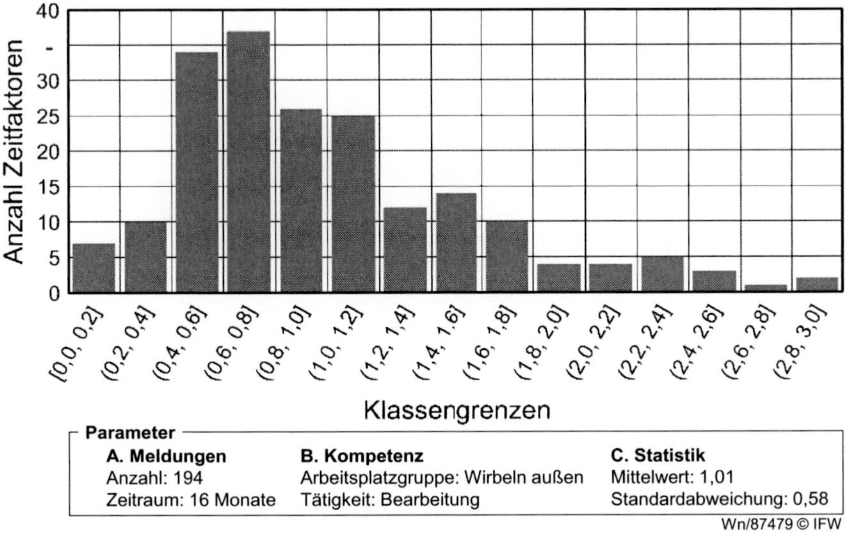

Bild 10.1: Histogramm der Zeitfaktoren von der Bearbeitungszeit für Mitarbeiter 1

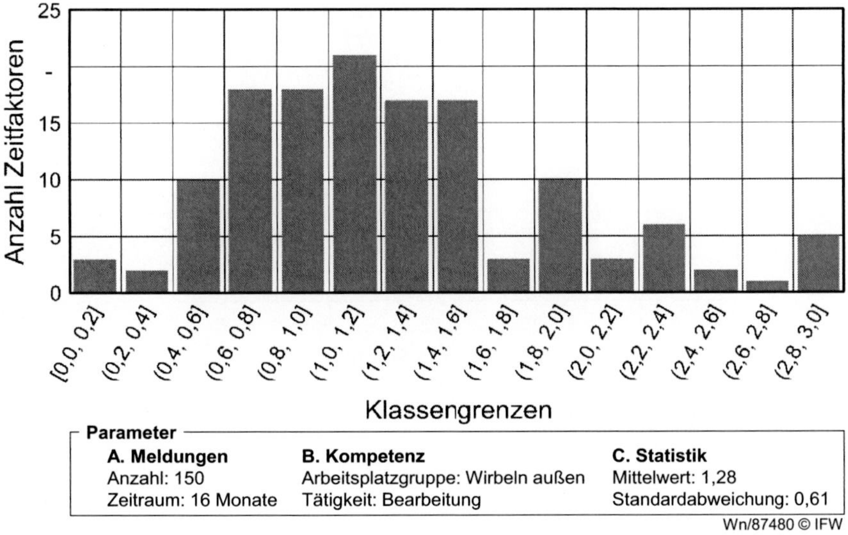

Bild 10.2: Histogramm der Zeitfaktoren von der Bearbeitungszeit für Mitarbeiter 2

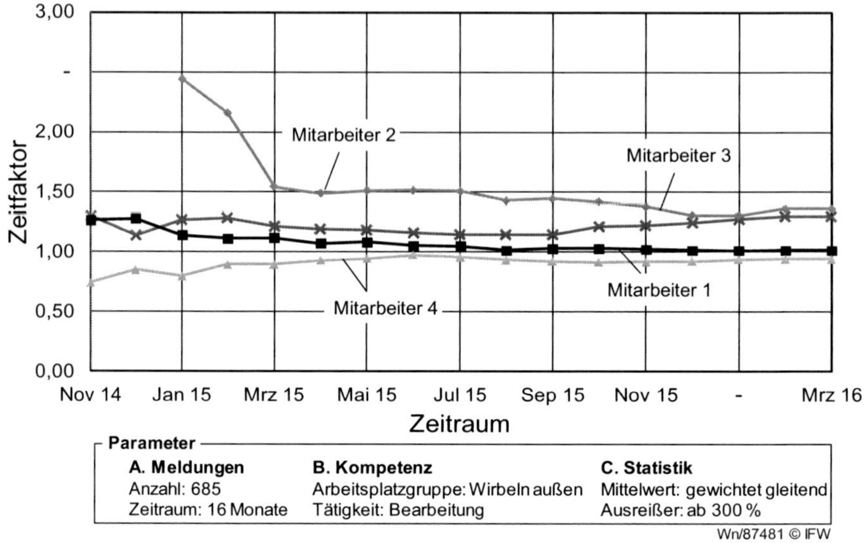

Bild 10.3: Entwicklung der Zeitfaktoren von der Bearbeitungszeit

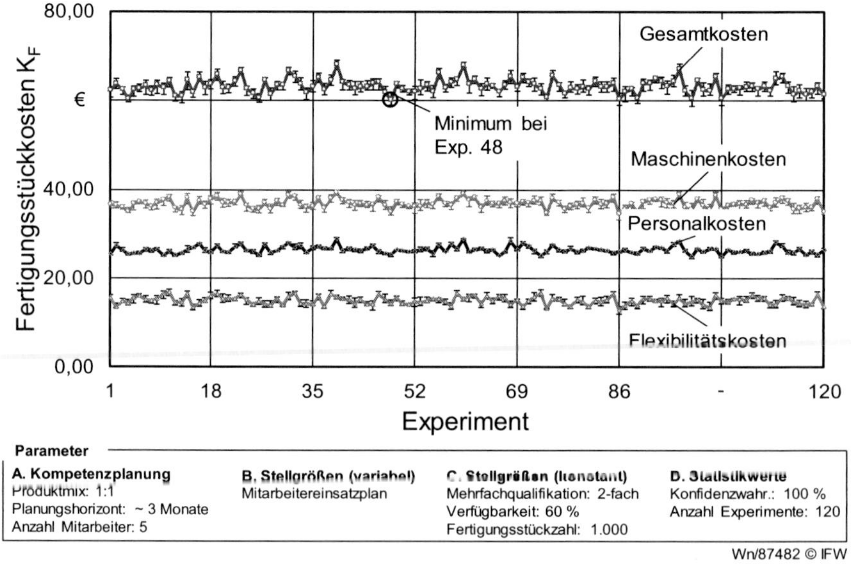

Bild 10.4: Fertigungsstückkosten bei 2-fach Qualifikation und 60 % Verfügbarkeit

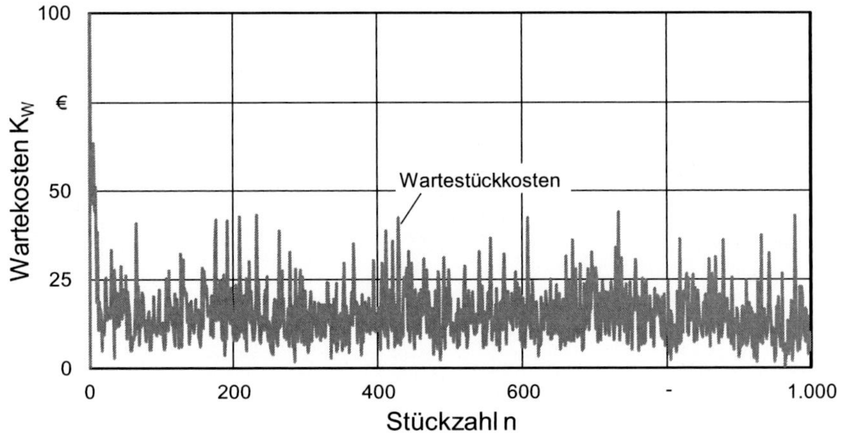

Parameter

A. Kompetenzplanung	B. Stellgrößen (variabel)	C. Stellgrößen (konstant)	D. Statistikwerte
Produktmix: 1:1	Fertigungsstückzahl	Mitarbeitereinsatzplan: 3, 2, 1, 5, 4	Anzahl Experimente: 5
Planungshorizont: ~ 3 Monate		Mehrfachqualifikation: 2-fach	
Anzahl Mitarbeiter: 5		Verfügbarkeit: 60 %	

Wn/87483 © IFW

Bild 10.5: Wartestückkosten bei 2-fach Qualifikation und 60 % Verfügbarkeit

Lebenslauf

Persönliche Daten

Florian Winter

Geburtsdatum: 01.02.1987

Geburtsort: Osnabrück

Schulbildung

08/1999 – 06/2006	Gymnasium Oesede in Georgsmarienhütte, Abschluss: Allgemeine Hochschulreife

Studium

10/2006 – 03/2010	Studium Wirtschaftsingenieur (B. Sc,) an der Leibniz Universität Hannover
04/2010 – 09/2012	Studium Wirtschaftsingenieur (M. Sc.) an der Leibniz Universität Hannover
08/2010 – 01/2011	Auslandssemester an der Technical University of Denmark (Dänemark)

Berufstätigkeit

11/2012 – 06/2017	Wissenschaftlicher Mitarbeiter am Institut für Fertigungstechnik und Werkzeugmaschinen (IFW) der Leibniz Universität Hannover
08/2016 – 04/2017	Leiter der Abteilung Fertigungsplanung und -steuerung am Institut für Fertigungstechnik und Werkzeugmaschinen (IFW) der Leibniz Universität Hannover

IFW

Institut für Fertigungstechnik
und Werkzeugmaschinen

Veröffentlichungen in der Reihe „Berichte aus dem IFW":

Band 10/2017	Florian Winter: Kompetenzorientierte Fertigungsplanung und -steuerung, ISBN 978-3-95900-173-8
Band 9/2017	Benjamin Bergmann: Grundlagen zur Auslegung von Schneidkantenverrundungen, ISBN 978-3-95900-171-7
Band 8/2017	Berend Denkena (Hrsg.): New Production Technologies in Aerospace Industry, Machining Innovations Conference, Proceedings, Hannover December 6th and 7th 2017, ISBN 978-3-95900-170-7
Band 7/2017	Tim Christopher Göttsching: Schleifen von aluminiumhaltigen UHC-Stahl, ISBN 978-3-95900-154-0
Band 6/2017	Alexander Georgiadis: Ersatzteildisposition und Reihenfolgebildung in der Produktregeneration, ISBN 978-3-95900-145-8
Band 5/2017	Berend Denkena: PiA – Prozesskette im Automobilbau, Tagungsband, Bielefeld, 3. und 4. Juli 2017, ISBN 978-3-95900-141-0
Band 4/2017	Christoph Ammermann: Einsatzsimulation für die Werkzeugmaschinen, ISBN 978-3-95900-140-3
Band 3/2017	Björn Felix Flöter: Potentiale einer elektromagnetischen Führung in Fräsmaschinen und ihr Nutzen für die Reparaturbearbeitung, ISBN 978-3-95900-126-7
Band 2/2017	Berend Denkena (Hrsg.): RETURN - Prozesskette Recycling von Titanspänen, Abschlussbericht, ISBN 978-3-95900-125-0
Band 1/2017	Dominik Brouwer: Schwerlastpositioniersystem für die Ausrichtung von Komponenten, ISBN 978-3-95900-123-6
Band 11/2016	Daniel Niederwestberg: Prognose und Kompensation der temperaturbedingten Werkstückver agerungen beim Trockenfräsen, ISBN 978-3-95900-118-2
Band 10/2016	Berend Denkena (Hrsg.): New Production Technologies in Aerospace Industry, Machining Innovations Conference, Proceedings, Hannover November 23rd and 24th 2016, ISBN 978-3-95900-103-8

Alle Angebote des PZH Verlags finden Sie auch unter
www.pzh-verlag.de